职业教育国家在线精品课程配套教材

职业教育创新融合系列教材

逆向设计
与3D打印

姬彦巧　何　源　主编

化学工业出版社

·北京·

内容简介

本书是职业教育国家在线精品课程"逆向设计与3D打印"配套教材，主要内容包括：三维扫描技术、Geomagic Design X 软件的逆向设计和3D打印。全书以典型项目融合知识点的方式编写，建设二维码教学资源，包括视频微课、模型文件等。配套有电子课件，可到 QQ 群 410301985 下载。本书由具有多年从事增材制造教学的教师和具有实践操作技能的全国技术能手共同编写。

本书可以作为高职高专院校机械类专业的教材、增材制造（3D打印）相关技能大赛等的教材或教学参考书，同时还可作为"Geomagic Design X 软件"的自学教程。

图书在版编目（CIP）数据

逆向设计与 3D 打印 / 姬彦巧，何源主编. -- 北京：化学工业出版社，2024.10. --（职业教育国家在线精品课程配套教材）（职业教育创新融合系列教材）.
ISBN 978-7-122-46645-7

Ⅰ. TB472；TB4

中国国家版本馆 CIP 数据核字第 2024ZG8848 号

责任编辑：韩庆利　　　　　　　文字编辑：吴开亮
责任校对：赵懿桐　　　　　　　装帧设计：刘丽华

出版发行：化学工业出版社（北京市东城区青年湖南街 13 号　邮政编码 100011）
印　　装：河北京平诚乾印刷有限公司
880mm×1230mm　1/16　印张 13　字数 400 千字　2024 年 10 月北京第 1 版第 1 次印刷

购书咨询：010-64518888　　　　　售后服务：010-64518899
网　　址：http://www.cip.com.cn
凡购买本书，如有缺损质量问题，本社销售中心负责调换。

定　　价：59.80 元

随着信息技术和智能制造技术的飞速发展，各行业对掌握三维扫描技术与增材制造技术的人才的需求也越来越大。Geomagic Design X软件是业界较为全面的逆向工程软件之一，该软件通过三维扫描设备，可以将零部件转换成高品质的参数化CAD模型。3D打印又称增材制造，它是一种以3D模型文件为蓝图，使用粉末状金属或塑料等可黏合材料，通过逐层打印的方式来构造物体的技术。

编者结合多年教学经验和一线实践经验，精选生产实际的典型案例，以"必需、够用"为教学原则组织内容。编写过程中以学生全面发展为培养目标，融"知识学习、技能提升、素质培育"为一体，并在每个项目的素质目标中，对学生的思想道德和职业素养提出了要求。本书具有以下特点。

（1）有机融入课程思政理念，全面贯彻党的教育方针，落实立德树人根本任务，用社会主义核心价值观铸魂育人。以工匠精神为引领，培养学生的爱国主义精神和劳动精神，引导学生用正确的、科学的世界观和方法论分析问题、解决问题。

（2）本书基于项目化教学实践编写，课程以情境教学、任务驱动的教学模式组织知识内容，每个教学情境由知识目标、技能目标、素质目标以及若干任务构成，每项任务包含学习任务单、基础知识、任务实施、任务评价、项目小结和拓展练习六个环节，体现了高职办学理念和现代职业教学理念。

（3）项目新颖，来源于实践。教学案例以实际项目来设计，由浅入深、从基础到高级、步骤详细、图文并茂、内容丰富，能够帮助学习者掌握和理解案例实施中的核心知识点，注重"做、学、教"的密切结合和学生在技能实践方面的能力培养。

（4）在内容选取方面，遵循"理论够用，突出应用"的原则，精选了9个典型项目，涵盖了70余个知识点，每个项目都经过了反复验证，有利于学习者学习、掌握知识和技能。

（5）深入贯彻"数字化教学"理念，教材配有大量形象生动的数字化教学资源，学习者可以通过扫描书中的二维码进行在线学习。同时，本书为职业教育国家在线精品课程配套教材，教师可利用在线资源深入开展线上线下混合式教学。

本书由姬彦巧、何源主编，姬彦巧编写项目一～项目六，何源编写项目七、项目八、项目九-任务一，高帅编写项目九-任务二。姬荣泰、李明泽、张俊生参与了部分案例的验证。在编写过程中，得到了思看科技有限公司和创想三维东北分公司的大力支持，在此表示衷心的感谢！

由于编者水平有限，书中难免有不足之处，欢迎广大读者批评指正。

编者

目录

项目一
电池盒逆向建模与3D打印

本项目主要介绍Geomagic Design X的基本知识，包括认识Geomagic Design X的工作界面；学习Geomagic Design X中新建、打开、存储等文件基本操作，对视点和选择模式的操作；学习Geomagic Design X中领域组中自动分割的使用方法，面片草图的功能和应用方法，追加平面的种类和利用偏移追加平面；学习逆向建模中拉伸参数的设置，不同圆角的绘制特点。通过本项目初步了解FDM工艺的基本原理、切片软件和基本打印流程，并对电池盒模型进行3D打印测试。

◉ **知识目标**

1. 熟悉Geomagic Design X的工作界面。
2. 掌握Geomagic Design X中新建、打开、存储等文件基本操作。
3. 掌握Geomagic Design X中领域组中自动分割的使用方法。
4. 掌握面片草图的功能和应用。
5. 熟悉追加平面的种类，掌握利用偏移方法追加平面。
6. 掌握逆向建模中拉伸的使用。
7. 熟悉圆角的绘制。
8. 熟悉3D打印的基本原理和基本流程。

◉ **技能目标**

1. 能完成电池盒模型的逆向建模。
2. 能完成电池盒模型的3D打印。

◉ **素质目标**

1. 通过国产工业软件之痛，激发学生正确的人生观、价值观。
2. 精益求精、工匠精神。
3. 团结合作、沟通表达。

任务一　电池盒逆向建模

 学习任务单

任务名称	电池盒逆向建模
任务描述	根据丢失设计数据的电池盒实物模型 [图（a）]，利用三维扫描仪获得其三维扫描数据 [图（b）]，再利用 Geomagic Design X 软件重获原设计数据 [图（c）]    （a）电池盒实物模型　　　　　（b）三维扫描数据　　　　　（c）逆向设计模型
任务分析	绘制的电池盒包含电池盒壳体和电池。利用手持三维扫描仪完成模型轮廓特征的扫描，基于 Geomagic Design X 完成逆向设计。该模型以拉伸特征为主，建模命令主要有模型导入、划分领域组、面片草图、拉伸、镜像、倒圆角等。建模采用先主体、再细节的步骤，首先绘制电池盒的主体结构，其次绘制电池，最后绘制细节部分
成果展示与评价	各组每个成员均要完成电池盒模型的逆向建模，小组间利用软件中的精度分析命令开展互评，最后由教师综合评定成绩

 基础知识

一、Geomagic Design X 软件简介

　　Geomagic Design X 是一款全面的逆向工程软件，它结合了传统 CAD 与三维扫描数据处理，能创建和编辑基于特征的 CAD 实体模型，并与现有的大部分 CAD 软件兼容。

1. 软件界面

　　Geomagic Design X 基本操作界面由主菜单、功能区、特征树、显示、帮助、视点、精度分析等部分组成，如图 1-1 所示。

　　① 主菜单。通过单击初始、实时采集、点、多边形、领域、对齐、草图、3D 草图、模型、精确曲面等选项卡，打开对应的工具栏的相关命令。

　　② 功能区。在功能区中，可根据设计要求来选择和激活相关命令。

　　③ 特征树。Geomagic Design X 使用参数化建模模式。参数化建模模式允许存储、构建几何形状并创建实体，同样也可存储操作的顺序和操作之间的关系。在重新编辑更改特征时，可以双击特征，也可以选中某一个特征并使用鼠标右键单击后选择编辑。若删除特征，则关联特征也将失效。

　　④ 模型树。分类显示所有创建的特征。此窗口可用来选择和控制特征实体的可见性。

　　⑤ 精度分析。在创建曲面之后，可直接检查扫描数据和所创建曲面的偏差。精度分析在默认模式、面片模式、3D/2D 草图模式下均可用。

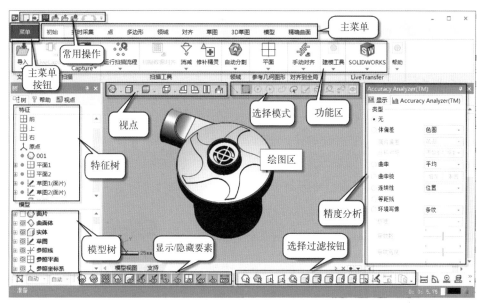

图1-1 Geomagic Design X基本操作界面

2.常用操作

常用操作是最基本的操作，除可以通过菜单完成以外，还可以利用工具栏的常用操作快捷键图标快速完成，如图1-2所示。

图1-2 常用工具栏

新建：创建新的文件（Ctrl+N）。

打开：打开已经保存的文件（Ctrl+O）。

保存：保存绘图区绘制的模型（Ctrl+S）。

导入：导入文件。

输出：输出选择的要素。

设置：变更设置。

撤销：撤销前一步的操作（Ctrl+Z）。

恢复：恢复前一步的操作（Ctrl+Y）。

3.显示/隐藏要素操作

Geomagic Design X提供了一系列对显示和隐藏要素进行控制的图标和快捷键，如图1-3所示。

图1-3 显示/隐藏视图工具栏

显示和隐藏面片（Ctrl+1）。

显示和隐藏领域（Ctrl+2）。

显示和隐藏点云（Ctrl+3）。

显示和隐藏曲面（Ctrl+4）。

显示和隐藏实体（Ctrl+5）。

显示和隐藏草图（Ctrl+6）。

显示和隐藏3D草图 (Ctrl+7)。

显示和隐藏参照点 (Ctrl+8)。

显示和隐藏参照线 (Ctrl+9)。

显示和隐藏参照面 (Ctrl+0)。

显示和隐藏参照多段线 。

显示和隐藏参照坐标系 。

显示和隐藏测量的可见性 。

4. 选择模式

选择模式一般在领域组模式、参照平面和参照线中使用，如图1-4所示。

图1-4　选择模式工具栏

直线 ：选择绘图区中绘制的直线上的要素。

矩形 ：选择绘图区中绘制的矩形内的要素。

圆 ：选择绘图区中绘制的圆形内的要素。

多边形 ：选择绘图区中绘制的多边形内的要素。

套索 ：选择绘图区中自由绘制的曲线内的要素。

自定义领域 ：自定义在选取部分中的单元面。

画笔 ：选择绘图区中自由绘制的路径上的要素。

涂刷 ：选择连接到所选单元面的所有单元面。

延伸至相似 ：通过以相似曲率连接的单元面选择面片的区域。

智能选择 ：通过单击并拖动鼠标更改灵敏度，以选择具有相似曲率的单元面。

仅可见 ：仅选择当前视图中的可见对象。

5. 选择过滤

在使用过程中，可以利用过滤器选择创建出的面片、领域、实体、面、边、草图等，如图1-5所示。选择过滤命令可以仅选择目标特征，并且在任意一种命令或选择模式下可直接应用，可以在模型显示区使用鼠标右键单击，直接选择过滤的元素，在"参照平面"下通过"选择多个点"创建平面时，就要在过滤器中选择"单元点云"。

图1-5　选择过滤工具栏

二、领域的分割

领域工具栏具有创建和编辑面片上的特征区域所需的各种命令，如图1-6 所示。可使用领域工具对几何特征区域进行分类，并根据划分区域来创建特征形状。

图1-6　领域工具栏

1.功能

【自动分割】：通过从扫描的面片数据中识别3D特征来自动对特征区域进行分类。分类的特征区域具有几何特征信息，可用于快速创建特征，如图1-7所示。

2.参数

【自动分割】命令参数包括【敏感度】【面片的粗糙度】等，如图1-8所示。

【敏感度】：指定特征区域内的搜索敏感度。

注意：将滑块移向更大数值时，搜索灵敏度提高。如果网格很粗糙，较高的搜索灵敏度会创建更多的特征区域，如图1-9所示。

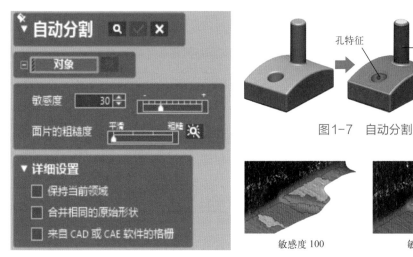

图1-7 自动分割

图1-8 "自动分割"对话框　　　图1-9 敏感度

【面片的粗糙度】：根据噪声级别调整面片的粗糙度。单击"估计"图标，则分析面片并给出建议值。

【保持当前领域】：如果特征区域已分类，则使用此选项将保留现有区域。

【合并相同的原始形状】：如果相邻区域的几何类型相同，勾选此选项后，则将相邻区域合并为一个区域。

【来自CAD或CAE软件的栅格】：利用面片形状边缘来分割区域。当从CAD或CAE文件转换面片时，此选项很有用。

三、面片草图

1.功能

【面片草图】 ✎：在定义的平面或平面区域内，提取面片数据的截面轮廓线，并在提取的截面曲线上创建2D草图，"面片草图的设置"对话框如图1-10所示。通过面片草图可以提取比较准确的原始设计思路。Geomagic Design X中，可以创建面片草图、草图、3D面片草图和3D草图4种类型的草图。

2.参数

【平面投影】：利用平面偏移方法在平面与面片数据相交处提取截面轮廓线，并投影到选定的基准平面上，如图1-11所示。

【回转投影】：利用平面回转方法在平面与面片数据相交处提取截面轮廓线，并回转投影到选定的基准平面上，如图1-12所示。

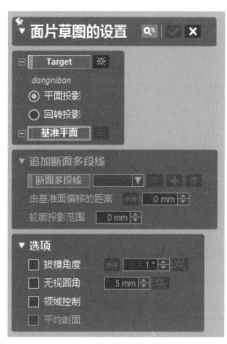

图1-10 "面片草图的设置"对话框

 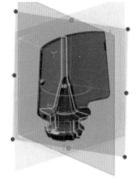

图1-11　平面投影　　　　图1-12　回转投影

【断面多段线】：通过重新选择基准面并单击【+】图标来创建多个截面轮廓线。还可以通过在列表框中选择截面轮廓线并单击【删除断面】图标删除轮廓线。

【由基准面偏移的距离】：通过输入距基准面的距离来实现基准面的偏移。

【轮廓投影范围】：通过手动输入值或拖动"模型视图"中的短粗箭头，从面片或点云数据中提取模型的最大外轮廓线，如图1-13所示。

平面投影方法　　　　　回转投影方法

图1-13　轮廓投影范围

【拔模角度】：从具有拔模特征的面片特征中提取截面线时，可以设置拔模角度。图1-14所示为未设置拔模角度获得的截面，尺寸小于基准面处的实际截面；图1-15所示为设置了拔模角度的截面，尺寸和基准面处相同。

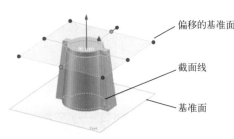 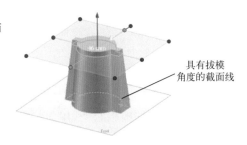

图1-14　未设置拔模角度　　　　　图1-15　设置拔模角度

【无视圆角】：删除小于指定值的圆角曲线，可创建不带圆角的草图。

【领域控制】：选择提取截面线领域。仅当面片模型具有领域时，此选项可用。

【平均剖面】：在两个平面的平均截面上生成主截面轮廓线。

四、【草图】选项卡

【草图】选项卡提供了在草图平面上绘制草图特征的各种命令。此选项卡中有【绘制】【工具】和【阵列】三个组，以及用于在草图和重构样条线之间设置约束的另外三个组。每个组中的命令均按相关功能和设计任务组织，如图1-16所示。【草图】选项卡相关命令的应用和其他三维建模软件类似。

图1-16　【草图】选项卡

五、追加平面

1.功能

这里的平面是具有法向和无限大小的虚拟平面，它不是表面实体。可以通过拟合扫描的平面数据来提取平面。平面可用于设置草图平面，切割面片、模型，创建镜像特征。"追加平面"对话框如图1-17所示。

2.参数

【要素】：选择目标实体。

【方法】

定义：用于创建参考。如果用数学方法定义平面，可通过数字输入或拾取输入点两种方式实现。

提取：利用拟合算法从选定的实体或领域中提取平面。

投影：利用将平面投影到线性特征上的方法来创建平面。

选择多个点：通过拾取三个或三个以上的点来创建平面。

变换：在选定的平面上通过变换方式创建平面。

选择点和法线轴：通过拾取点和法线轴来创建平面。

选择点和圆柱轴：通过选择圆柱轴和轴外的点来创建平面。

N等分：创建等距且垂直于所选特征的多个平面。

偏移：通过从选定平面偏移来创建指定距离与数量的平面。

回转：通过回转平面来创建一个或多个平面。

平均：通过平均两个选定平面来创建新的平面，所选平面不必平行。

视图方向：在当前视图方向上创建一个平面。

相切：创建并拾取与特征实体相切的平面。

正交：通过面片上的选定点来创建正交平面。

绘制直线：通过在屏幕上画线来创建垂直于屏幕的平面。

镜像：创建选定特征的对称平面。

极端位置：在选定特征的指定方向的最大、最小位置处创建平面。

图1-17 "追加平面"对话框

六、拉伸

1.功能

【拉伸】命令是沿直线方向拉伸草图，然后创建一个封闭的实体。"拉伸"对话框如图1-18所示，拉伸过程如图1-19所示。

图1-18 "拉伸"对话框

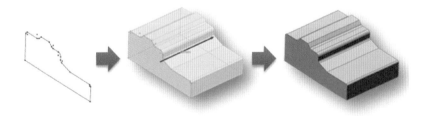

图1-19 拉伸过程

注意：要创建拉伸实体特征，草图必须是闭合轮廓。开轮廓草图拉伸或利用曲面组内的拉伸命令拉伸，拉伸结果均为曲面特征。

2.参数

【基准草图】：选择要拉伸的草图作为基准草图。

【轮廓】：选择用于拉伸的轮廓。可在草图上同时绘制多个轮廓，通过选择需要拉伸的轮廓完成拉伸，如图1-20和图1-21所示。

【自定义方向】：指定拉伸方向。默认拉伸方向是草图平面的法线方向，也可以指定拉伸的方向，如图1-22所示。

【方法】：

距离：指定拉伸长度值。

通过：指定到另一个实体作为末端的拉伸长度。

到顶点：指定顶点作为拉伸高度。

到领域：指定一个领域作为拉伸的结束条件。

到曲面：指定一个曲面作为拉伸的结束条件。

到体：指定另一个实体作为拉伸结束的条件。

平面中心对称：以草图为对称面来完成对称拉伸。

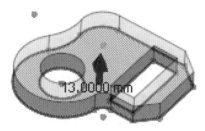

图1-20　拉伸轮廓1

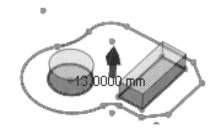

图1-21　拉伸轮廓2和3

七、拉伸精灵

1.功能

【拉伸精灵】命令是从面片数据中提取出拉伸特征，根据选定领域智能计算出截面轮廓、拉伸方向和高度，自动创建一个拉伸体，如图1-23所示。

图1-22　拉伸方向

(a) 面片数据　　　　　　　　(b) 领域　　　　　　　　(c) 拉伸体

图1-23　拉伸精灵

2.参数

第一阶段对话框选项如图1-24所示。

【侧面】：选择面片上的领域或面片。

【上】：选择一个区域、参考平面、顶点、面、曲面或实体作为拉伸体的顶部。若未定义，程序将自动定义顶面。

【底面】：选择一个区域、参考平面、顶点、面、曲面或实体作为拉伸体的底面。若未定义，程序将自动定义底面。

【自定义拉伸方向】：从实体或线段中选择一个自定义的拉伸方向。默认的拉伸方向将根据所选区域的方向计算。

【用选择面放置草图】：通过定义的平面来确定草图基面。

【拔模角度】：为拉伸体指定拔模角度，如果使用"自动"或"0"，则自动选择数值，估算图标将推荐一个可调整的拔模角度。

【结果运算】：指定结果。本选项提供了5种不同的操作方法，即"导入实体""合并实体""切割实体""插入曲面"和"切割曲面"。

导入实体：创建一个新的实体。

合并实体：将产生的实体合并到现有实体中。

切割实体：用产生的实体切割现有实体。

插入曲面：创建一个新的曲面。

切割曲面：用产生的曲面切割现有的曲面。

第二阶段对话框选项如图 1-25 所示。

【拔模角度】：同第一阶段拔模角度选项。

【分辨率】：通过在"最小"和"最大"之间调整滑块来指定分段的分辨率。当把滑块调整到"最大"时，构成的线段更多。调整滑块时，调整结果将实时更新。

【几何形状捕捉精度】：通过在"-"和"+"之间调整滑块来指定几何形状捕获的精度。

【公差的缝合】：通过在"最小"和"最大"之间调整滑块来指定缝合草图的公差范围。当把滑块向"最大"方向调整时，草图将以宽松的公差连接重合约束，如图 1-26 所示。

注意：当滑块向"最小"移动时，由于使用了严格的公差，草图可能无法与重合约束结合。

【移除小圆角】：删除自动创建的小于指定半径值的小圆角。

图 1-24 "拉伸精灵"对话框（第一阶段）

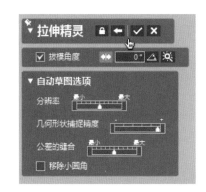

图 1-25 "拉伸精灵"对话框（第二阶段）

(a) 严格公差缝合

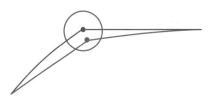

(b) 宽松公差缝合

图 1-26 公差的缝合

八、圆角

1. 功能

【圆角】命令能在实体或曲面的边缘创建圆角特征，包含"固定圆角""可变圆角""面圆角"和"全部面圆角"4 种类型，如图 1-27 所示。

2. 参数

【曲率连续】：在棱边或面与面之间添加比标准切线圆角更平滑的圆角。

【切线扩张】：将选择的倒角要素扩展到与切线相连的邻边。

【选择向导】：输入半径数值后，查找具有相近圆角半径的边。查找到的边会在模型上突出显示。

【圆锥倒角】：为两个面创建半径不同的混合区域，如图 1-28 所示。仅在"可变圆角"和"面圆角"选项下可用。

【Rho】：确定混合区域的形状，在 0 到 1 之间取值。数值越

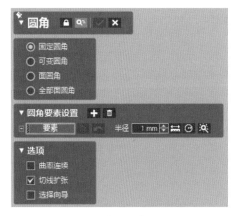

图 1-27 "圆角"对话框

大，则混合区域的形状越尖锐；数值越小，则混合区域的形状越平滑。如图 1-29 所示。

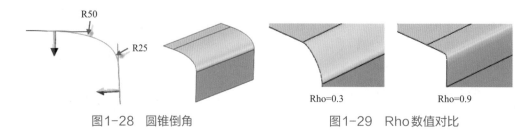

图1-28　圆锥倒角　　　　　　　　图1-29　Rho数值对比

3. 类型

【固定圆角】用于在设计模型中添加恒定半径的圆角，结果如图 1-30 所示。选择【固定圆角】；要素选择外边界，半径设置为 "2mm"；单击✅图标，完成【固定圆角】操作。

【可变圆角】用于在设计模型中添加可变半径圆角。选择【可变圆角】，要素选择 "边线1" "边线2" "边线3"，在 "圆角要素设置" 中分别选择【边线1】和【边线3】，首末点设置半径为 "10"，如图1-31 所示。

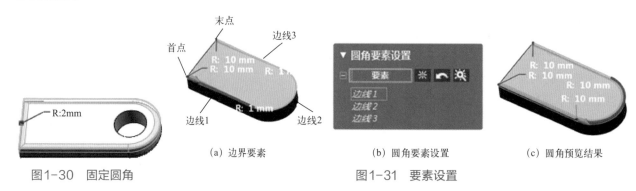

图1-30　固定圆角　　　　　　　　　　（a）边界要素　　　　　　（b）圆角要素设置　　　（c）圆角预览结果

图1-31　要素设置

在 "圆角要素设置" 中选择【边线2】，然后在 "轮廓视图" 中选择 "边线2"，将 "边线2" 两端圆角半径更改为 20mm。在圆弧中间选择一个控制点，然后通过拖动或输入值来对其进行编辑。当半径为 30mm、位置为 50％时，如图 1-32 所示。可变圆角绘制结果如图 1-33 所示。

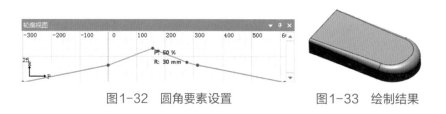

图1-32　圆角要素设置　　　　　　　图1-33　绘制结果

【面圆角】用于在设计模型中添加两个面间的圆角，不相邻的面也可以与圆角面混合，如图 1-34 所示。

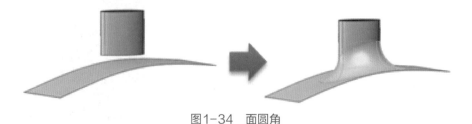

图1-34　面圆角

恒定曲率：创建比标准圆角更平滑的曲率圆角。

恒定宽度：创建具有恒定宽度的圆角面。

修剪和合并结果：将曲面和倒角修剪，然后合并到一起。

保持线：选择实体棱边或曲线作为面圆角边界的保持线。

帮助点：当倒角融合位置不确定时，在圆角一侧选择一个点，则在最靠近点处创建圆角。

全圆角：创建与三个相邻面相切的圆角，如图1-35所示。

"左面"：选择左侧面；"中心"：选择中心面；"右面"：选择右侧面。

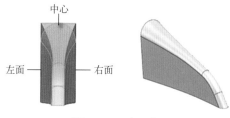

图1-35　全圆角

任务实施

一、数据采集

模型：相机充电电池盒与电池组合体如图1-36（a）所示。

扫描设备：手持三维扫描仪如图1-36（b）所示。

扫描模型：扫描的数据模型如图1-36（c）所示。

1-1 电池盒数据采集

（a）充电电池与电池盒　　　（b）三维扫描仪　　　（c）扫描的数据模型

图1-36　扫描面片模型

二、建模步骤

该模型以拉伸特征为主，建模命令主要有模型导入、划分领域组、面片草图、拉伸、镜像、倒圆角等。建模流程如图1-37所示。

● ⬡ 充电座1	⊞ ⬣ 镜像1
⊞ ● ⬣ 领域组1	⊞ ● ⬡ 布尔运算1(切割)
⊞ ● ✎ 草图1(面片)	⊞ ● ⊞ 平面1
⊞ ● ⬆ 拉伸1	⊞ ● ✎ 草图5(面片)
⊞ ● ⬆ 拉伸2(合并)	⊞ ● ⬆ 拉伸6(合并)
⊞ ● ✎ 草图2(面片)	⊞ ● ◰ 圆角1(恒定)
⊞ ● ⬆ 拉伸3(切割)	⊞ ● ◰ 圆角2(恒定)
⊞ ● ✎ 草图3(面片)	⊞ ● ◰ 圆角3(恒定)
⊞ ● ⬆ 拉伸4(合并)	⊞ ● ◰ 圆角4(恒定)
⊞ ● ✎ 草图4(面片)	⊞ ● ◰ 圆角5(恒定)
⊞ ● ⬆ 拉伸5	

图1-37　建模流程

项目 1
扫描数据

1-2 电池盒主体建模

1. 主体建模

『步骤1』导入数据。

选择菜单栏中的【插入】→【导入】命令，打开"导入"对话框，导入"项目1扫描数据.stl"文件，或直接把模型拖到绘图区。

『步骤2』自动分割领域组。

① 选择菜单栏中的【领域】选项卡，进入创建领域组工具栏。

② 单击【自动分割】图标，打开"自动分割"对话框。

③ 在"自动分割"对话框中设置【敏感度】为"30"，将【面片的粗糙度】的滑块移至中间位置。

④ 单击图标确认，如图1-38所示。

『步骤3』手动分割领域组。

① 在【领域】选项卡中单击【分割】图标。

② 在选择模式工具栏中选择【直线】模式。

③ 在上下拔模分形面位置分割领域组，分割结果如图1-39所示。

『步骤4』创建"面片草图1"。

① 在【草图】选项卡中，单击【面片草图】图标，打开"面片草图的设置"对话框。

② 设置【基准平面】为"前"平面，单击图标，截取到基准平面上的轮廓线。

③ 利用【直线】【3点圆弧】【相交剪切】【约束条件】等命令绘制面片草图，绘制完成后退出草图，如图1-40所示。

图1-38 自动分割领域组

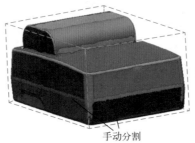

手动分割

图1-39 手动分割位置

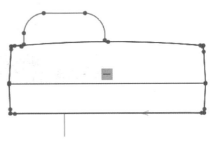

图1-40 面片草图1

『步骤5』拉伸电池盒主体。

① 在【模型】选项卡中，单击【拉伸】图标，打开"拉伸"对话框，如图1-41所示。

② 在"拉伸"对话框中，填写拉伸参数，【基准草图】选择"草图1（面片）"。【轮廓】选择"草图环路1"。在"方向"组【方法】中选择"到领域"，在"反方向"组【方法】中选择"到领域"，结果如图1-42所示。

③ 选择结束后单击图标，上半部分特征拉伸完成。

④ 重复执行【拉伸】命令，绘制下半部分的实体，在【结果运算】中，选择"合并"复选框，完成电池盒主体的绘制，如图1-43所示。

『步骤6』绘制槽。

① 在【草图】选项卡中，单击【面片草图】图标，打开"面片草图的设置"对话框。

② 设置【基准平面】为"电池端面1"，拖动细长的箭头，截取零件轮廓，创建"面片草图2"，单击图标，截取到基准平面的轮廓线，如图1-44所示。

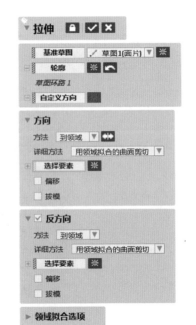

图1-41 "拉伸"对话框

图1-42 【拉伸】命令

图1-43　电池盒主体的绘制

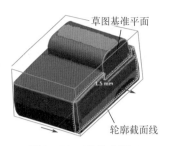

图1-44　面片草图2

③ 用【直线】【相交剪切】【约束条件】等命令绘制面片草图，完成后退出草图。

④ 在"拉伸"对话框中，填写拉伸参数。【基准草图】选择"草图2（面片）"。【轮廓】选择"草图环路"。在【方向】组【方法】中选择"距离"，距离数值大于槽的深度即可。【结果运算】选择"切割"，完成"槽"的绘制，如图1-45所示。

『步骤7』绘制电池。

① 在【草图】选项卡中，单击【面片草图】 图标，打开"面片草图的设置"对话框。

② 设置【基准平面】为"电池端面1"，沿电池方向拖动细长的箭头，截取电池轮廓，创建"面片草图3"，单击 图标，截取到基准平面的轮廓线，如图1-46所示。

③ 用【自动草图】【直线】【约束条件】等命令绘制面片草图，绘制完成后退出草图。

④ 在【拉伸】对话框中，填写拉伸参数。【基准草图】选择"草图3（面片）"。【轮廓】选择"草图环路"。在【方向】组【方法】中选择"到领域"，拾取电池另一端的领域，在【结果运算】中选择"合并"选项，绘制结果如图1-47所示。

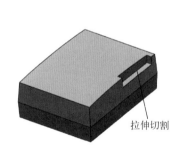

图1-45　绘制槽

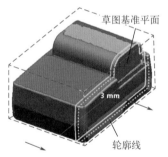

图1-46　截取到基准平面的轮廓线

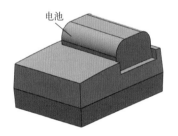

图1-47　绘制电池

2.细节建模

『步骤1』绘制凹槽。

① 在【草图】选项卡中，单击【面片草图】 图标，打开"面片草图的设置"对话框。

② 设置【基准平面】，拖动细长的箭头截取零件轮廓，创建"面片草图4"，单击 图标，截取到基准平面的轮廓线，如图1-48所示。

③ 利用【直线】【相交剪切】【约束条件】等命令绘制面片草图，绘制完成后退出草图。

④ 在"拉伸"对话框中，填写拉伸参数。【基准草图】选择"草图4（面片）"。【轮廓】选择"草图环路"。在【方向】组【方法】中选择"距离"为"10"，在【结果运算】中，"切割"与"合并"都不选择。

⑤ 在【模型】选项卡中，单击【镜像】 命令，在【镜像】对话框中，【体】选择"拉伸4"，【对称平面】选择参照平面"前"，其他参数默认，结果如图1-49所示。单击 图标，完成"镜像"操作，如图1-50所示。

1-3 电池盒细节建模

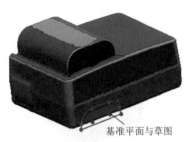

图1-48　面片草图4

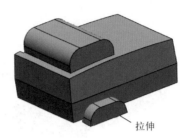

图1-49　拉伸4

图1-50　镜像特征

⑥ 在【模型】选项卡中，单击【布尔运算】⿻命令，打开"布尔运算"对话框，【操作方法】选择"切割"，【工具要素】选择"拉伸4和镜像的特征"，【对象体】选择拉伸的主体部分，绘制结果如图1-51所示。

『步骤2』拉伸小凸台。

① 单击【平面】⊞命令，打开"平面属性"对话框，【要素】拾取小凸台端面的平面领域，【方法】选择"提取"，单击✅图标，得到追加的"平面1"。

② 单击【面片草图】✅图标，打开"面片草图的设置"对话框。设置【基准平面】为"平面1"，拖动细长的箭头，截取零件轮廓，创建"面片草图5"，单击✅图标，截取到基准平面的轮廓线。

③ 单击【矩形】命令绘制面片草图，拖动矩形四周的边框使其与面片草图的轮廓线基本重合，完成面片草图的绘制，如图1-52所示。

④ 打开"拉伸"对话框，填写拉伸参数，【基准草图】选择"草图5（面片）"。【轮廓】选择"草图环路"。在【方向】组【方法】中选择"距离"为"5"。在【结果运算】中选择"合并"选项。绘制结果如图1-53所示。

图1-51　绘制凹槽

图1-52　创建平面与面片草图

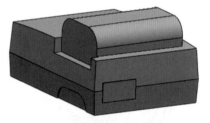

图1-53　拉伸小凸台

『步骤3』倒圆角。

在【模型】选项卡中，单击【圆角】⌒图标，打开"圆角"对话框，选择【固定圆角】方法。在【选项】组中，不勾选任何复选框。【要素】分两次选择，每次选择侧面4个棱边，设置半径为"4.5"，绘制侧面的倒角。利用同样的方法，绘制其他棱边的倒角，倒角的数值可以通过单击❖图标来估算，估算数值可以根据精度要求进行调整。绘制结果如图1-54所示。

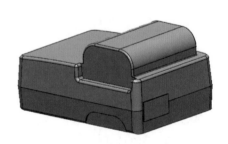

图1-54　绘制结果

3. 文件保存与输出

文件可以直接保存为软件的默认格式"*.xrl"，也可以输出为"*.stp"格式，可在【菜单】中单击【文件】→【输出】命令打开"输出"对话框，设置【要素】为建模实体模型，单击✅图标，在打开的对话框中选择要保存的文件类型，如选择"stp"格式，保存为"项目1电池盒（建模数据）.stp"。

项目1
电池盒
（建模数据）

⊛ 任务评价

基本信息	姓名			班级		学号		组别	
	评价方式				□教师评价 □学生互评 □学生自评				
	规定时间			完成时间		考核日期		总评成绩	
考核内容	序号	步骤			完成情况		分值	得分	
					完成	未完成			
	1	课前预习，在线学习基础知识					10		
	2	Geomagic Design X 的工作界面					5		
	3	领域组自动分割的参数设置					5		
	4	面片草图命令的使用方法、步骤					5		
	5	追加平面命令的分类和使用方法					5		
	6	拉伸命令的步骤和参数设置					5		
	7	不同类型圆角的绘制					5		
	8	建模任务分析					5		
	9	电池盒主体结构建模					20		
	10	电池盒细节部分建模					10		
	11	国家情怀、人生观价值观塑造					5		
	12	精益求精、工匠精神					5		
任务反思	1. 在完成任务过程中遇到了哪些问题？ 2. 你是如何解决上述问题的？ 3. 在本任务中你学到了哪些知识？ （每个问题 5 分，表达清晰可加 1～3 分）						15		
教师评语									

任务二 电池盒 3D 打印

▤ 学习任务单

任务名称	电池盒 3D 打印
任务描述	基于 FDM 的 3D 打印机完成电池盒模型的切片 [图（a）] 和 FDM 3D 打印 [图（b）] 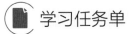 （a）模型切片　　　（b）FDM工艺的3D打印
任务分析	要完成电池盒模型的 FDM 3D 打印，需要针对模型特点进行切片，然后操作打印机完成模型的打印，并对模型进行后处理
成果展示与评价	每组完成一个模型的打印，小组间互评后由教师综合评定成绩

🔄 基础知识

一、3D打印技术基础

1. 3D打印技术的发展

3D打印技术正在飞速发展。随着技术和材料的不断发展，3D打印技术在各行各业中的应用变得更加多样，3D打印技术可以降低外包成本，加快设计迭代速度，优化生产和原型制造。3D打印技术可与传统制造技术互补，共同推进现代制造业的转型。

3D打印技术的思想起源于19世纪末的美国，并在20世纪80年代得以发展和推广。1892年，J.E.Blanther提出了利用分层制造法构成地形图。1902年，C.Baese提出了用光敏聚合物制造塑料件的原理构造地形图。1904年，Perera提出了在硬纸板上切割轮廓线，然后将这些纸板黏结成三维地形图的方法。

20世纪80年代后期，3D打印技术有了根本性的发展，出现的专利更多。1986年，Hull发明了光固化成型（stereo lithography appearance，SLA）技术。1988年，Feygin发明了分层实体制造。1989年，Deckard发展了选择性激光烧结（selective laser sintering，SLS）技术。1992年，Crump发明了熔融沉积成型（fused deposition modeling，FDM）技术。1993年，Sachs在麻省理工学院发明了3D打印技术。1995年，麻省理工学院创造了"三维打印"名称，J.Bredt和T.Anderson修改了喷墨打印机方案，提出了把熔剂挤压到粉末床的解决方案。

随着3D打印技术的不断发展，3D打印设备也相继出现。1988年，美国3D Systems公司根据Hull的专利，生产出了第一台现代3D打印设备，开创了3D打印技术发展的新纪元。在此后的10年中，3D打印技术蓬勃发展，涌现出十余种新工艺和相应的3D打印设备。

近些年，3D打印技术得到了迅速的发展，尽管在打印材料、打印精度、打印速度、支撑的去除等方面仍有待完善，但是这种可能深刻变革传统生产制造模式的新兴技术，以及世界各国对此技术的投入研发，其发展及应用有着巨大的潜力，有望在建筑、食品、医学、艺术、军事、教育、珠宝、考古等领域得到广泛应用。

2. 3D打印技术原理

3D打印（3D printing）技术是一种与传统"减材制造"技术相对应的技术，常被称为"增材制造"技术（additive manufacturing）。美国材料试验协会（ASTM）于2009年成立的增材制造技术委员会（F42委员会）公布了其定义：3D打印技术是一种与传统材料加工方法截然相反，基于三维CAD模型数据，通过逐层增加材料制造方式，形成零件成品的技术。3D打印技术原理如图1-55所示，即在计算机上设计出三维模型，进行网格化处理后进行分层切片处理，得到三维模型的截面轮廓，按照轮廓信息生成3D打印机的加工路径，3D打印机在控制系统的作用下，有选择地固化或切割每一层材料，打印出每一层轮廓，逐层叠加形成三维零件，最后对零件进行后处理，形成最终的成品。

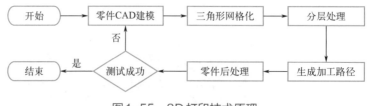

图1-55　3D打印技术原理

3D打印过程包括：预处理、分层制造和后处理三个阶段，如图1-56所示。

① 预处理。预处理包括三维模型的构建（可通过计算机三维建模、CT扫描、光学扫描等方式）、三维模型的网格化处理（网格化处理中往往会有不规则曲面出现，需要对模型进行近似处理）、三维模型的分层处理（切片）。

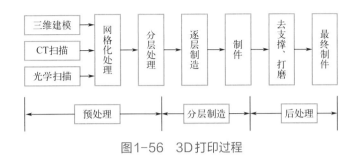

图1-56　3D打印过程

② 分层制造。利用3D打印机将预处理好的三维模型分层打印出来。三维模型打印质量的好坏与3D打印机的制造精度有很大关系。

③ 后处理。打印完的模型上连接着许多支撑，模型表面粗糙，带有许多毛刺或多余的熔料，甚至会出现模型部分打印的结构有偏差，因此要对模型进行适当的修整，清除打印支撑、修剪突出的毛刺、打磨粗糙的表面以及固化处理以增强强度等，最终获得所需制件。

二、熔融沉积成型（FDM）技术

3D打印技术按照成型工艺一般可以分为：熔融沉积快速成型（FDM）技术、选择性激光烧结（SLS）技术、光固化成型（SLA）技术、分层实体制造（LOM）技术和激光熔覆沉积（LMD）技术等。在本项目中主要介绍FDM工艺的3D打印技术。

1. 工作原理

FDM 3D打印技术的原理基于表面化学、热能量和逐层制造技术。它可以通过挤压熔融热塑料，使这些热塑料在沉积的同时凝固，生产可靠、耐用的零件。基于FDM技术的3D打印机通过加热塑料材料至半液体状态，再根据计算机指定的路径将其挤压，逐层制造零件。FDM 3D打印机通常使用打印材料和支撑材料这两种材料执行打印任务。丝状材料从3D打印机的材料仓运送到打印头，打印头沿着X轴、Y轴移动，将材料堆积成一层，然后底座沿着Z轴下移，开始打印下一层，打印完成后，将辅助支撑去掉，就形成了3D打印件。

2. 工作过程

首先在CAD软件中完成概念设计，并将之保存为STL或IGES格式文件。通过切片软件完成模型切片并自动生成支撑结构：在切片软件中将部件放置在合适的打印位置，并且自动检测，生成必要的辅助支撑结构后，部件被切片成水平横截面，根据需要设定横截面厚度。在软件中生成打印路径，并下载到FDM 3D打印机中。

打印用的材料以丝状缠绕在卷轴上，并被送入打印头（FDM头），加热打印头使丝状材料熔化至半液体状态。半液体材料通过打印头挤出，每次挤出很细的丝。由于打印头周围的空气温度低于挤出材料的温度，被挤出的材料迅速凝固。打印头在X-Y坐标系运动，沿着切片软件指定的路径生成每层的打印切片。每层打印完毕后，挤压头（打印头）再开始打印下一层。有的打印机也可以打印两种丝状材料，这两种丝状材料在这样的FDM 3D打印机中通过双喷嘴机制被配送。主材料用于打印几何模型主体，而次要材料用于打印辅助支撑结构。打印完成后再去除支撑材料。FDM 3D打印机的工作流程如图1-57所示。

3. FDM 3D打印技术的优点

① 打印功能性部件。FDM 3D打印技术可以利用与实际

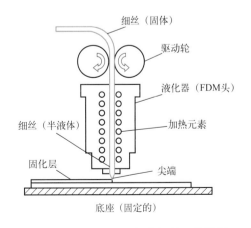

图1-57　FDM 3D打印机的工作流程

成型品相似的材料生产原型。利用ABS材料打印的功能性部件的强度达到实际成型品的85%，而使用ABSplus材料打印的部件的强度可以与注射成型的部件相媲美。

② 废料最少化。FDM 3D打印技术是直接挤压熔融的半液体逐渐沉积成模型的，只需用到打印部件及辅助支撑所需材料，材料的废弃量相对于减材制造能实现最少化。

4. FDM 3D打印技术的缺点

① 打印精度有限。由材料的规格导致FDM 3D打印技术制造的部件的精度受到限制。目前常见的FDM 3D打印耗材有1.75mm和2.0mm两种规格，这些尺寸在一定程度上限制了打印的精度。

② 打印过程缓慢。打印过程缓慢有两个原因：主要原因在于需要用材料填充整个横截面，打印速度受挤出速率（材料从挤压头流出的速率）限制；次要原因在于用材是塑料，黏性较大，造成打印过程提速很困难。

③ 收缩无法预估。由于FDM 3D打印是从打印头挤出材料，然后在沉积时迅速冷却，在打印的模型内由于快速冷却引起了内应力，很难估计打印过程中材料的收缩和变形。

5. FDM 3D打印技术的应用

FDM 3D打印技术可以应用在以下领域。

① 概念化及展示。FDM 3D打印技术可以用于制造模型、原型和用于新产品设计、测试及制造小批量成品。

② 教育用途。教育工作者可以利用FDM 3D打印技术提升科学、工程、设计及艺术等领域的教学效果。

③ 定制模型。业余爱好者和企业可以使用FDM 3D打印技术来制造礼品、创新设计产品、个性化设备等。

三、切片软件

为了在3D打印设备中快速地获得最佳打印效果，除设计优化、3D打印机性能和打印材料选择之外，切片软件也是重要因素，其是实现数字模型到实体模型转化的桥梁。目前市场上的切片软件五花八门，除设备专用的切片软件外，还有一些能够应用到多种场合的切片软件。下面，仅从应用角度简单列举几种常用的切片软件。

1. Cura

Ultimaker Cura是Ultimaker公司设计的一款免费开源的3D打印切片软件。该软件以操作简单、入门容易和切片速度快等优点著称，广泛应用在各种FDM 3D打印设备中。通过在软件中设置打印参数、打印温度、填充密度以及打印支撑，可实现模型的快速精确打印。支持的模型文件格式包括STL、OBJ、3MF等。

2. CHITUBOX

CHITUBOX是一款集SLA/DLP/LCD于一体的3D打印专业预处理切片软件，具有开源版本CHITUBOX Basic和付费版本CHITUBOX Pro，广泛应用于牙科、消费电子、角色模型、鞋类、珠宝等领域，可提供模型预处理、编辑支持、高速切片功能，同时兼容SLA/DLP/LCD 3D打印技术。

CHITUBOX Pro具有智能自动支撑模块，可以根据模型特征智能添加支撑，支持支撑结构和样式的自由设计和编辑，快速检测模型的孤岛悬空区域，并为对应的孤岛悬空区域添加支撑。

3. ideaMaker

ideaMaker是一款用于内部模型编辑的切片软件，能够通过上传的图像文件实现基于灰度2D图像在模型表面添加纹理，轻松构建纹理结构。ideaMaker可以自动生成支撑结构，也可以通过手动调节支撑结构，按需定制模型。可以利用复杂算法一键优化设置，具有参数自动优化、可对选定区域多项参数进行调整、自由修改模型设置等特点。

4. PrusaSlicer

PrusaSlicer是一款基于Slic3r二次开发的开源3D打印切片软件，以前称为Slic3r Prusa Edition或Slic3r PE。其主要的功能是把模型转换成代码以实现打印，同时支持FDM和树脂3D打印机，它与任何基于 RepRap 工具链的 3D 打印机兼容，包括所有基于 Marlin、Prusa、Sprinter 和 Repetier 固件的打印机。也就是说这款软件适合绝大部分 FDM 3D 打印机。

5.Magics

Magics 是比利时 Materialise 公司推出的产品，也是目前全球用户最多的 3D 打印预处理软件，具有完备的数据处理功能。除包含基础软件拥有的所有功能之外，它还可以对模型进行晶格结构设计、纹理设计、打印工艺设计并能够生成报告，支持几乎所有的工业 3D 打印工艺，并支持上百种 3D 打印机。

6.3DXpert

3DXpert 是由 3D Systems 公司开发的金属 3D 打印配套软件，作为单一的解决方案，涵盖整个金属增材制造流程及后处理加工过程。使用该软件，将不再需要整合不同的解决方案，用户可以在任何文件格式下操作，节省大量时间，并可在过程的任何阶段对基于历史的参数化 CAD 模型进行更改，直至整个零件成品加工完成。该软件除支持必备的打印机、材料和扫描设备外，还允许开发自己的打印策略。软件可为不同区域分配最佳打印策略，并自动将其融合到一个扫描路径中，在保持零件完整性的同时，最小化打印时间。3DXpert 具有仿真功能，为用户克服热变形提供了帮助。

 任务实施

一、电池盒模型切片

1-4 电池盒
切片

利用 Cura 软件完成电池盒模型的切片。

『步骤 1』导入模型。

单击模型显示区左上角的🗁图标载入模型；单击模型后直接拖拽可移动模型。如图 1-58 所示。

『步骤 2』调整模型。

单击模型后，预览区左侧会出现【移动】【缩放】【旋转】【镜像】【单一模型设置】【支撑拦截器】6个图标，利用这些图标可以对模型进行简单调整。单击【旋转】图标，可拖拽模型四周的圆圈来旋转模型到理想位置。单击【缩放】图标，打开相应对话框，输入缩放比例，如图 1-59 所示。

图1-58　导入模型

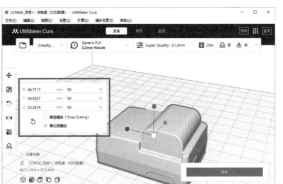

图1-59　调整模型

项目 1
打印数据

『步骤 3』设置打印参数。

① 打开"打印设置"对话框，选择参数基本设置模式。【层高】为"0.2mm"，【壁厚】"为"0.8mm"，勾选【允许反抽】复选框，设置【顶层/底层厚度】为"0.8mm"，【填充密度】为"20%"，【打印速度】为"80mm/s"，【打印温度】为"210℃"，【打印平台温度】为"60℃"，【支撑放置】选择"全部支撑"，【打印平台附着类型】选择"无"，【耗材直径】为"1.75mm"，【流量】为"100%"，如图 1-60 所示。单击界面右下角【切片】命令，可在界面左下角查看打印时长和耗材使用量。

图1-60　设置打印参数

② 选择界面顶部【预览】命令，查看切片结果，如图1-61所示。

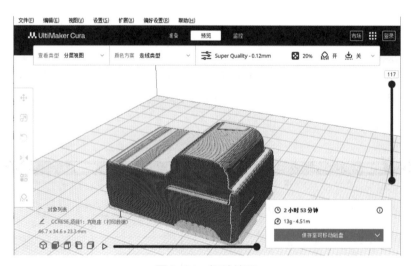

图1-61　切片结果

『步骤4』输出 GCode 代码。

单击界面右下角【保存至可移动磁盘】图标，选择保存位置，导出 GCode 文件。

二、电池盒模型3D打印

『步骤1』打开3D打印机。

打开开关，设备开机，如图1-62所示。

『步骤2』选择打印文件，开始打印。

单击控制屏幕中的【打印】图标，选择打印文件，单击下方"打印"图标，开始打印，如图 1-63～图1-65所示。

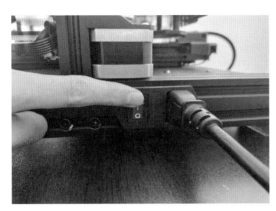

图1-62　设备开机

图1-63　进入打印模式

图1-64　选择打印文件

图1-65　开始打印

『步骤3』取出零件。

利用铁铲将模型从打印平台上铲下，去除支撑材料，得到打印模型，如图1-66所示。

图1-66　打印模型

 任务评价

基本信息	姓名		班级		学号		组别	
	评价方式		□教师评价　□学生互评　□学生自评					
	规定时间		完成时间		考核日期		总评成绩	

	序号	步骤	完成情况		分值	得分
			完成	未完成		
考核内容	1	课前预习，在线学习基础知识			15	
	2	3D 打印技术的原理			10	
	3	FDM 3D 打印技术			5	
	4	常见的切片软件			5	
	5	电池盒模型切片			20	
	6	电池盒模型 3D 打印			20	
	7	团队协作、沟通表达			5	
	8	精益求精、工匠精神			5	
任务反思	1. 在完成任务中遇到了哪些问题？ 2. 你是如何解决上述问题的？ 3. 在本任务中你学到了哪些知识？ （每个问题 5 分，表达清晰可加 1～3 分）				15	
教师评语						

📚 项 目 小 结

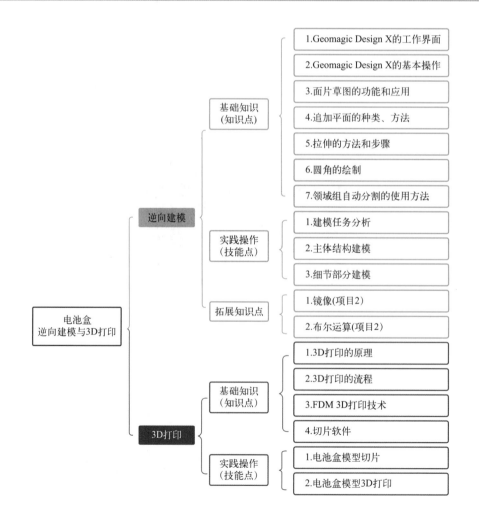

拓 展 练 习

一、简答题

1. 什么是 FDM 技术？

2. 简述 FDM 技术的优缺点及适用领域。

3. 简述 FDM 3D 打印的流程。

二、填空题

1. FDM 技术主要以（ ）作为原材料。

    A. 粉末   B. 板材   C. 片材   D. 丝材

2. FDM 技术的成型原理是（ ）。

    A. 叠层实体制造   B. 立体光固化成型   C 熔融沉积成型   D 选择性激光烧结

3. STL 数据的开放轮廓线默认用什么颜色表示（ ）。

    A. 红色   B. 灰色   C. 黄色   D. 蓝色

三、操作题

1. 完成题图 1-1 电源开关模型的逆向设计和 3D 打印（逆向建模精度 ±0.6mm）。

 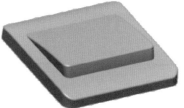

（a）三维扫描数据   （b）逆向建模模型   题图 1-1
（扫描数据）

题图 1-1 　电源开关

2. 完成题图 1-2 底座模型的逆向设计和 3D 打印（逆向建模精度 ±0.1mm）。

（a）三维扫描数据   （b）逆向建模模型   题图 1-2
（扫描数据）

题图 1-2 　底座

项目二
烟感器外壳逆向建模与3D打印

本项目主要学习旋转（回转）类模型的逆向建模，通过烟感器外壳的逆向建模学习面片数据的对齐原理、手动对齐的方法和步骤；学习回转命令的建模过程和参数设置，学习布尔运算、镜像、阵列等工具的应用。通过本项目学习FDM 3D打印过程，熟悉Cura软件的应用和参数设置以及3D打印机的基本操作。

● **知识目标**

1. 掌握面片数据的手动对齐。
2. 掌握回转命令的参数设置。
3. 熟悉布尔运算的命令。
4. 掌握镜像命令的应用。
5. 熟悉阵列工具栏中各种阵列命令的应用特点。
6. 掌握FDM 3D打印的工艺参数设置。

● **技能目标**

1. 能完成烟感器外壳的逆向建模。
2. 能完成烟感器外壳的3D打印。

● **素质目标**

1. 爱岗敬业、劳模精神。
2. 操作规范、遵规守纪、安全意识。
3. 团结合作、沟通表达。

任务一　烟感器外壳逆向建模

 学习任务单

任务名称	烟感器外壳逆向建模
任务描述	根据丢失设计数据的烟感器外壳实物模型 [图（a）]，利用三维扫描仪获得三维扫描数据 [图（b）]，再利用 Geomagic Design X 软件重获原始设计数据 [图（c）] 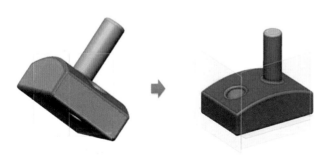 （a）烟感器外壳模型　　　（b）三维扫描数据　　　（c）逆向设计模型
任务分析	烟感器外壳属于典型的回转类零件，其逆向过程主要包括划分领域组、对齐坐标系、绘制面片草图等。首先绘制烟感器主体结构，其次绘制孔等细节部分，最后对绘制完成的模型进行精度检测
成果展示与评价	各组每个成员均要完成烟感器外壳的逆向建模，小组间利用软件中的精度分析命令开展互评，最后由教师综合评定成绩

 基础知识

一、面片数据对齐

1. 功能

手动对齐面片数据，如图2-1所示。

图2-1　手动对齐面片数据

2. 参数

在【模型】选项卡中，单击【对齐】图标，打开"手动对齐"对话框，如图2-2所示。

（1）移动实体

选择面片或点云数据实现对齐。

图2-2　"手动对齐"对话框

（2）用世界坐标系原点预先对齐

将面片数据的原点转换为全局原点，通过应用程序找到面片最小边界框，并将最长和最短方向分别设置为 X 轴和 Z 轴，与全局坐标对齐。

（3）移动

【3-2-1】：使用面片实体作为移动要素，通过移动矢量和原点的位置进行对齐，翻转图标可反转选择的方向。

【平面】：将实体设置为移动平面，将平面的法向方向设置为其移动的矢量方向。

【线】：将线性实体设置为对齐移动的矢量方向。

【位置】：将实体的点设置为要对齐移动的位置。

【X-Y-Z】：使用实体作为移动点和轴进行对齐。

【位置】：将线性特征或者面的矢量设置为要移动位置。

【X 轴】：将线性特征或者面的矢量设置为移动的 X 轴。

【Y 轴】：将线性特征或者面的矢量设置为移动的 Y 轴。

【Z 轴】：将线性特征或者面的矢量设置为移动的 Z 轴。

二、回转命令

1. 功能

【回转】命令是围绕回转轴回转草图截面并创建一个封闭的实体。草图可以由一个或多个轮廓表示，并由圆、曲线、直线或圆弧草图实体绘制，如图 2-3 所示。

图 2-3   回转命令操作过程

注意：要创建回转的实体特征，草图必须闭合轮廓。打开轮廓草图，使用曲面组内的【回转】命令，回转结果为曲面特征。

2. 参数

【单侧方向】：沿着一个指定的方向回转，如图 2-4 所示。

【平面中心对称】：沿着草图两侧的对称角度回转，如图 2-5 所示。

【两方向】：沿着两个方向回转，并采用两种不同的回转角度回转，如图 2-6 所示。

图 2-4   单侧方向   图 2-5   平面中心对称   图 2-6   两方向

三、回转精灵

1. 功能

【回转精灵】命令是从面片数据中提取回转的特征。该命令根据选定的领域智能计算和查找截面轮廓和回转轴，并创建具有回转角度的回转体，如图2-7所示。

图2-7　回转精灵

2.参数

第一阶段选项如图2-8所示。

【对象】：选择面片数据上的领域。

【自定义旋转轴】：从选定的对象中选择旋转轴。

注意：自定义旋转轴可以采用两个平面的相交线，此时草图平面将自动定义为两个平面中具有较高优先级的平面。平面的优先级由其在特征树中的注册顺序决定。

【使用指定轴方向】：按指定的轴方向来设置旋转轴。

【使用指定轴旋转】：使用指定的轴方向和位置设置旋转轴。

【部分特征提取】：定义旋转角度，以提取回转体的部分特征。在第二阶段选项中，可以通过使用适当的操纵器设置角度。

【结果运算】：指定结果。这个选项提供了5种不同的操作方法：导入实体、合并实体、切割实体、插入表面和切割表面。

第二阶段选项如图2-9所示。

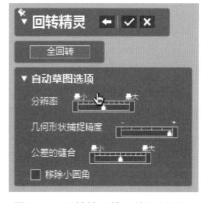

图2-8　回转精灵第一阶段对话框　　　图2-9　回转精灵第二阶段对话框

【分辨率】：同"拉伸精灵"。

【几何形状捕捉精度】：同"拉伸精灵"。

【公差的缝合】同"拉伸精灵"。

四、布尔运算

1.功能

【布尔运算】命令是使用合并、切割和相交三种方法来组合或分割两个或多个实体，如图2-10所示。

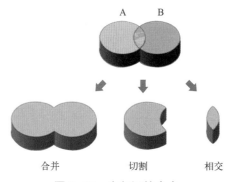

图2-10　布尔运算命令

2.参数

【合并】：把所有选定的实体合并创建为单一的实体。

【切割】：利用工具体从目标主体中移除重叠部分的实体，得到一个新的实体。

【相交】：移除工具体和目标实体中公共区域以外的所有实体，仅保留重叠部分。

五、镜像

1.功能

【镜像】命令可以在对称平面的另一方创建对称特征，如图2-11所示。

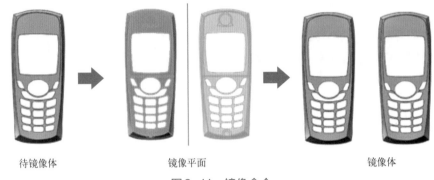

待镜像体　　　　　　　　镜像平面　　　　　　　　镜像体

图 2-11　镜像命令

2.参数

在【模型】选项卡中，单击【镜像】⚠图标，打开"镜像"对话框，如图2-12所示。

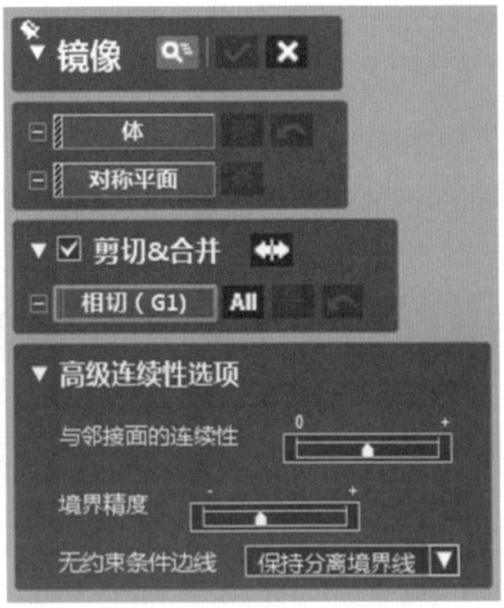

（1）体

选择待镜像的实体或曲面特征。

（2）对称平面

选择一个平面作为镜像的对称参考平面。

（3）剪切&合并

如果镜像特征和原实体有重叠，则删除重叠的区域。选择该选项，系统将会把重叠部分修剪合并在一起，如图2-13所示。使用【反向修改】◀▶图标，可以修改修剪方向。

图 2-12　"镜像"对话框

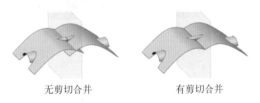

无剪切合并　　　　　　　有剪切合并

图 2-13　剪切合并

【相切（G1）】：选择要相切的面。

（4）高级连续性选项

【与邻接面的连续性】：通过调整滑块，调整临界面边缘周围的变形，如图2-14所示。

【境界精度】：确定缝合边界的精度。将滑块移到"＋"位置，将在边界上创建更多点，紧密缝合结合面。单击【预览】图标，可以显示边界间的最大偏差，如图2-15所示。

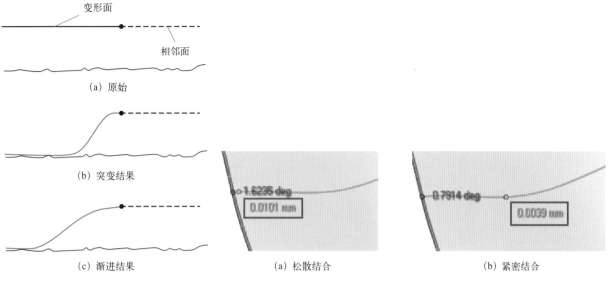

图2-14 与邻接面的连续性 　　　图2-15 境界精度

【无约束条件边线】：确定不受约束的非缝合边界的变形方法，如图2-16所示。

不保持：不保持未约束的边界线，这些边界可能会使其变形。

保持分离境界线：保留不与缝合边界相邻的孤立边界，如图2-17所示。

保持所有：所有边缘都不会变形。

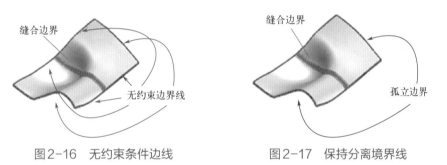

图2-16 无约束条件边线 　　　图2-17 保持分离境界线

六、阵列

（一）线形阵列

1.功能

【线形阵列】命令可以沿线形方向一次性创建多个相同特征，如图2-18所示。

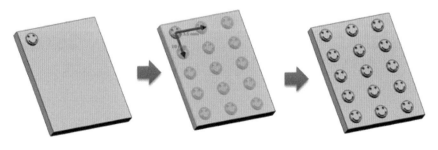

图2-18 线形阵列

2. 参数

在【模型】选项卡中，单击【线形阵列】∷图标，打开"线形阵列"对话框，如图2-19所示。

（1）体

选择待阵列实体或曲面特征。

（2）方向1

选择线形实体（如边、矢量）或具有法线的实体（如平面或实体面）作为阵列方向。

【要素数】：设置"方向1"的阵列对象总数。

【距离】：设置阵列实例之间的间距。

（3）方向2

在与"方向1"不同的第二个方向上创建阵列实例。

（4）跳过情况

选中此选项，可以删除部分阵列实例。若要还原已删除的实例，取消选中它即可恢复。

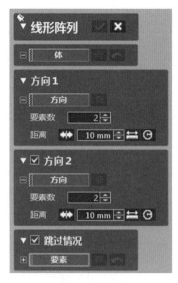

图2-19　"线形阵列"对话框

（二）圆形阵列

1. 功能

【圆形阵列】命令可以围绕一个轴同时创建多个特征，如图2-20所示。

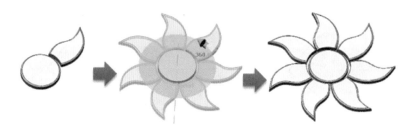

图2-20　圆形阵列

2. 参数

在【模型】选项卡中，单击【圆形阵列】∷图标，打开"圆形阵列"对话框，如图2-21所示。

（1）体

选择待阵列实体或曲面特征。

（2）回转轴

选择线形实体（如边或矢量）或具有轴的实体（例如圆柱、圆锥或圆形边缘）作为回转轴。

【要素数】：设置阵列对象总数量。

【合计角度】：设置阵列实例之间的总角度。

【用轴回转】：绕回转轴回转阵列实例。

【等间隔】：在总角度内平均设置阵列实例间的角度。

（3）跳过情况

选中此选项，可以删除部分实例。若要还原已删除的实例，取消选中它即可恢复。

图2-21　"圆形阵列"对话框

（三）曲线阵列

1. 功能

【曲线阵列】命令可以同时在一条曲线上创建多个特征，如图2-22所示。

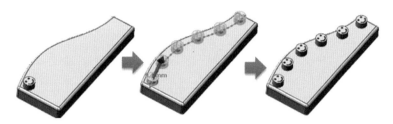

图 2-22　曲线阵列

2. 参数

在【模型】选项卡中，单击【曲线阵列】✍ 图标，打开"曲线阵列"对话框，如图 2-23 所示。

（1）体

选择实体或曲面特征。

（2）路径曲线

选择可以作为路径的曲线或边。

（3）要素数

设置阵列对象总数。

（4）距离

设置阵列实例之间的间距。

（5）等间隔

沿选定曲线设置实例之间的相等距离，如图 2-24 所示。

图 2-23　"曲线阵列"对话框

（6）选项

【对齐到原数据】：按照原数据放置方向对齐每个实例，如图 2-25 所示。

无等间隔　　　有等间隔　　　　对齐到原数据　　　无对齐到原数据

图 2-24　有无等间隔　　　　　　　图 2-25　对齐到原数据

【沿曲线回转】：将阵列实例的方向与选定的面或面片法线对齐，如图 2-26 所示。

图 2-26　沿曲线回转

（7）跳过情况

选中此选项，可以删除部分实例，如图 2-27 所示。若要还原已删除的实例，取消选中它即可恢复。

图 2-27　跳过情况

任务实施

一、数据采集

模型：烟感器外壳如图 2-28（a）、（b）所示。
扫描设备：手持三维扫描仪如图 2-28（c）所示。
扫描模型：扫描的数据模型如图 2-28（d）所示。

2-1 烟感器数据采集

（a）烟感器外壳结构　　　（b）烟感器内壳　　　（c）三维扫描仪　　　（d）扫描的数据模型

图 2-28　烟感器外壳

二、建模步骤

该模型以回转特征为主，建模命令主要有模型导入、划分领域组、对齐坐标系、绘制面片草图、回转、圆形阵列、拉伸、壳体、倒圆角等。建模流程如图 2-29 所示。

项目 2
扫描数据

● ⬡ huizhuan	⊞ ● 🔲 拉伸2(切割)
⊞ ● ⬡ 领域组1	⊞ ● 🔲 拉伸3
⊞ ● ✛ 线1	⊞ ● 🗇 壳体1
⊞ ● ✏ 草图1(面片)	⊞ ● 🗇 壳体2
⊞ ● 🔺 回转1	⊞ ● 🔲 布尔运算2(合并)
⊞ ● ✏ 草图2(面片)	⊞ ● ✏ 草图4(面片)
⊞ ● 🔲 拉伸1	⊞ ● 🔲 拉伸4(切割)
⊞ ● ✳ 圆形阵列1	⊞ ● 🗇 圆角1(恒定)
⊞ ● 🔲 布尔运算1(切割)	⊞ ● 🔲 平面2
⊞ ● 🔲 平面1	⊞ ● ✏ 草图5(面片)
⊞ ● ✏ 草图3(面片)	⊞ ● 🔲 拉伸5(合并)

图 2-29　建模流程

1. 对齐坐标系

『步骤 1』导入数据。

选择菜单栏中的【插入】→【导入】命令，打开"导入"对话框，导入"项目 2 扫描数据 .stl"模型数据文件，或直接把面片数据拖到绘图区。

『步骤 2』自动分割领域组，如图 2-30 所示。

2-2 烟感器对齐坐标

① 选择菜单栏中【领域】选项卡，打开领域组工具栏。

② 单击【自动分割】 🔵 图标，打开"自动分割"对话框。

③ 在"自动分割"对话框中，设置【敏感度】为"30"，将【面片的粗糙度】的滑块移至中间位置。单击 ✅ 图标确认。

图 2-30　自动分割领域组

『步骤3』创建基准平面。

① 在【模型】选项卡中，单击【平面】⊞图标，打开"追加平面"对话框。

② 在"追加平面"对话框中，【要素】选择模型顶部平面领域，【方法】选择"提取"，如图2-31所示。

③ 选择结束后单击✅图标，完成创建基准平面的操作。

『步骤4』追加参照线。

① 在【模型】选项卡中，单击【线】⊀图标，打开"添加线"对话框。

② 在"添加线"对话框中，【要素】选择模型外轮廓领域，【方法】选择"检索圆锥轴"，如图2-32所示。

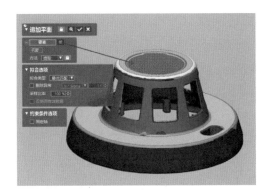

图2-31　创建基准平面1

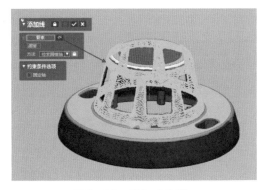

图2-32　追加参照线

③ 选择结束后单击✅图标，完成追加参照线操作。

『步骤5』创建参考平面。

① 在【草图】选项卡中，单击【面片草图】✅图标，打开"面片草图的设置"对话框，【基准平面】选择"平面1"，设置【由基准面偏移的距离】为"15mm"，结束后单击✅图标。

② 利用【直线】工具绘制如图2-33所示的草图，绘制完成后退出草图。

③ 在【模型】选项卡中，单击【拉伸】⬛图标，打开"拉伸"对话框，【基准草图】选择"草图1（面片）"，【方向】长度设置为"50mm"，单击✅图标。

④ 在【模型】选项卡中，单击【平面】⊞图标，打开"追加平面"对话框。在"追加平面"对话框中，【要素】选择"平面1""平面2"，【方法】选择"平均"，选择结束后单击✅图标，完成创建参考平面操作。

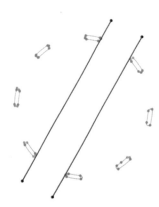

图2-33　绘制草图

『步骤6』对齐基准坐标

① 在【对齐】选项卡中，单击【手动对齐】▣图标，进入"手动对齐"初始对话框，选择【下一阶段】➡图标。进入"手动对齐"对话框。

② 在"手动对齐"对话框中，【移动】选择"X-Y-Z"，【位置】选择"线1"与"平面1"，【X轴】选择"平面1"，【Y轴】选择"平面2"。

③ 选择结束后单击✅图标，完成"手动对齐"操作。

④ 删除对齐坐标系过程中创建的辅助线和辅助面，对齐结果如图2-34所示。

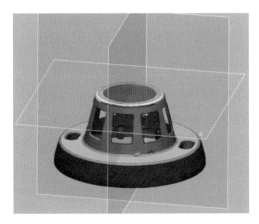

图2-34　坐标系对齐

2.主体建模

『步骤1』外形结构建模。

① 在【模型】选项卡中，单击【线】图标，打开"添加线"对话框。在"添加线"对话框中，【要素】选择模型外轮廓领域，【方法】选择"检索圆锥轴"，如图2-35所示，选择结束后单击☑图标，完成"添加线"操作。

② 在【草图】选项卡中，单击【面片草图】☑图标，打开"面片草图的设置"对话框。设置投影方式为【回转投影】，设置【中心轴】为"线1"，【基准平面】为"上"。

③ 移动中间圆形实线到轮廓完整部位，单击☑图标，截取到回转面的外轮廓线，如图2-36所示。

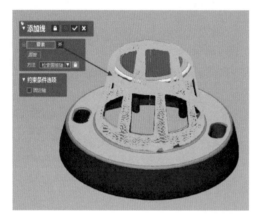

图2-35　创建基准轴

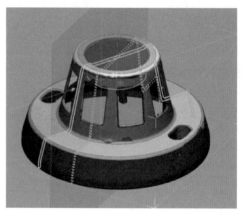

图2-36　截取外轮廓线

④ 利用【直线】【圆弧】【相交剪切】【约束条件】等命令或利用【自动草图】命令，绘制如图2-37所示面片草图，绘制完成后退出草图。

⑤ 在【模型】选项卡中，单击【回转】图标，打开"回转"对话框，【基准草图】选择"草图1（面片）"，【轴】选择"线1"，角度选择"360°"，单击☑图标，绘制结果如图2-38所示。

『步骤2』孔建模。

① 在【草图】选项卡中，单击【面片草图】☑图标，打开"面片草图的设置"对话框，选择【基准平面】为"前"，【轮廓投影范围】为"125mm"，单击☑图标，利用【直线】【相交剪切】【圆角】等命令绘制面片草图，绘制完成后退出草图，如图2-39所示。

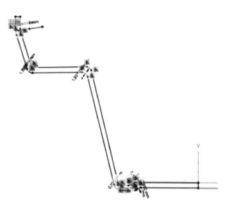

图2-37　建立草图1

图2-38　回转建模

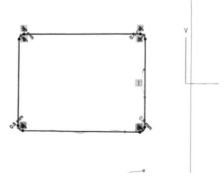

图2-39　建立草图2

② 在【模型】选项卡中，单击【拉伸】⬚图标，打开"拉伸"对话框，【基准草图】选择"草图 2（面片）"，【方向】长度设为"45mm"，【结果运算】中的"切割"和"合并"命令均不选择，单击✅图标。

③ 在【模型】选项卡中，单击【圆形阵列】⁚⁚图标，打开"圆形阵列"对话框，【体】选择"拉伸 1"，【回转轴】选择"线 1"，【要素数】选择"8"，【合计角度】选择"360°"，勾选【等间隔】【用轴回转】复选框，单击✅图标，如图 2-40 所示。

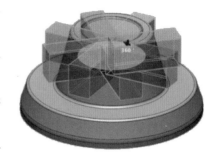

图 2-40　阵列实体

④ 在【模型】选项卡中，单击【布尔运算】◻图标，打开"布尔运算"对话框，【操作方法】选择"切割"，【工具要素】选择阵列的 8 个拉伸体，【对象体】选择"回转 1"，单击✅图标，完成孔建模操作。

3. 细节建模

『步骤 1』长穴凸台建模。

① 在【模型】选项卡中，单击【平面】田图标，打开"追加平面"对话框。在"追加平面"对话框中，【要素】选择两个凸台上平面领域，【方法】选择"平均"，选择结束后单击✅图标，完成"追加平面"操作，如图 2-41 所示。

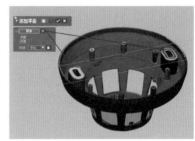

图 2-41　创建基准平面 2

2-4 烟感器细节建模

② 在【草图】选项卡中，单击【面片草图】✀图标，打开"面片草图的设置"对话框，选择【基准平面】为"平面 1"、【由基准面偏移的距离】为"5mm"，单击✅图标，利用【直线】【相交剪切】【圆】等命令绘制面片草图，绘制完成后退出草图，如图 2-42 所示。

③ 在【模型】选项卡中，单击【拉伸】⬚图标，打开"拉伸"对话框，【基准草图】选择"草图 3（面片）"，【方法】选择"距离"，【长度】选择"30mm"，【结果运算】选择"切割"，单击✅图标。

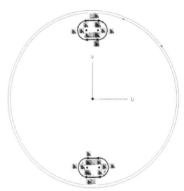

图 2-42　绘制草图 3

④ 在【模型】选项卡中，单击【拉伸】⬚图标，打开"拉伸"对话框，【基准草图】选择"草图 3（面片）"，【方法】选择"到曲面"，【选择要素】选择"面 1"，单击✅图标，如图 2-43 所示。

⑤ 在【模型】选项卡中，单击【壳体】◻图标，打开"壳体"对话框，【体】选择"拉伸 3-2"，【深度】选择"1.5mm"，【面】选择模型上平面，单击✅图标，如图 2-44 所示，利用相同方法制作另一特征。

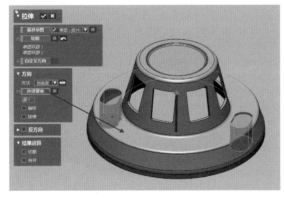

图 2-43　创建基准平面 3

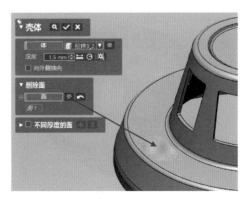

图 2-44　创建基准平面 4

⑥ 在【模型】选项卡中，单击【布尔运算】图标，打开"布尔运算"对话框，【操作方法】选择"合并"，【工具要素】选择"拉伸2（切割）""壳体1""壳体2"，单击图标。

⑦ 在【草图】选项卡中，单击【面片草图】图标，打开"面片草图的设置"对话框，【基准平面】选择"平面1"，【轮廓投影范围】选择"10mm"，单击图标，利用【直线】【相交剪切】【圆】等命令绘制面片草图，绘制完成后退出草图，如图2-45所示。

⑧ 在【模型】选项卡中，单击【拉伸】图标，打开"拉伸"对话框，【基准草图】选择"草图4（面片）"，【方法】选择"距离"为"10mm""布尔运算1（切割）"，单击图标。

⑨ 在【模型】选项卡中，单击【圆角】图标，打开"圆角"对话框，选择凸台两面边线，【半径】选择"1mm"，结束后单击图标，绘制结果如图2-46所示。

图2-45　绘制草图4

图2-46　长穴凸台建模

『步骤2』圆柱销建模。

① 在【模型】选项卡中，单击【平面】图标，打开"追加平面"对话框。在"追加平面"对话框中，【方法】选择"选择多个点"，选择如图2-47所示位置8个点，结束后单击图标，完成"追加平面"操作。

② 在【草图】选项卡中，单击【面片草图】图标，打开"面片草图的设置"对话框，【基准平面】选择"平面2"，【由基准面偏移的距离】选择"3mm"，单击图标，利用【圆】等命令绘制面片草图，绘制完成后退出草图。

③ 在【模型】选项卡中，单击【拉伸】图标，打开"拉伸"对话框，【基准草图】选择"草图5（面片）"，【方法】选择"到体"，【选择要素】选择"圆角1（恒定）"，【结果运算】选择"合并"，最终模型如图2-48所示。

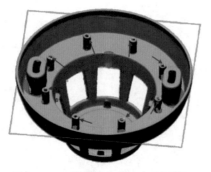

图2-47　利用多个点建立平面图

图2-48　绘制结果

4. 文件保存与输出

绘制完成的文件可以直接保存为软件的默认格式"*.xrl"。若保存为其他格式，则单击【菜单】中的【文件】→【输出】命令，打开"输出"对话框，设置【要素】为建模实体模型，单击✅图标，在打开的"输出"对话框中，选择要保存的文件类型，如选择"stp"格式，保存文件为"项目2烟感器外壳（建模数据）.stp"。

项目 2
烟感器外壳
（建模数据）

 任务评价

基本信息	姓名			班级		学号		组别	
	评价方式			□ 教师评价　　□学生互评　　□学生自评					
	规定时间			完成时间		考核日期		总评成绩	
考核内容	序号	步骤			完成情况		分值	得分	
					完成	未完成			
	1	课前预习，在线学习基础知识					10		
	2	手动对齐的原理、方法和步骤					5		
	3	回转命令的步骤和参数设置					5		
	4	布尔运算命令的应用					5		
	5	阵列命令的分类、特点和应用					5		
	6	镜像命令的应用					5		
	7	建模步骤分析					5		
	8	烟感器外壳的主体结构建模					20		
	9	烟感器外壳的细节部分建模					15		
	10	爱岗敬业、劳模精神					5		
	11	团结合作、沟通表达					5		
任务反思	1. 在完成任务中遇到了哪些问题？ 2. 你是如何解决上述问题的？ 3. 在本任务中你学到了哪些知识？ （每个问题 5 分，表达清晰可加 1～3 分）						15		
教师评语									

任务二　烟感器外壳3D打印

 学习任务单

任务名称	烟感器外壳 3D 打印
任务描述	基于 FDM 3D 打印机，完成烟感器外壳模型的切片 [图（a）]、FDM 3D 打印 [图 (b)] 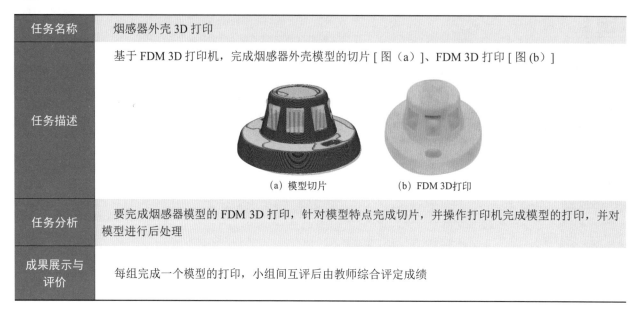 （a）模型切片　　　　（b）FDM 3D打印
任务分析	要完成烟感器模型的 FDM 3D 打印，针对模型特点完成切片，并操作打印机完成模型的打印，并对模型进行后处理
成果展示与评价	每组完成一个模型的打印，小组间互评后由教师综合评定成绩

↻ **基础知识**

　　Uitimaker Cura软件是一款跨平台的开源3D打印机切片软件，除推荐的打印模式以外，还可以通过300个参数自定义模式和配置打印参数，最大限度地控制打印设备。Uitimaker Cura 5.5版本的菜单栏包括"文件、编辑、视图、设置、扩展、偏好设置、帮助"。配置文件中，可选择和管理3D打印机、设置打印材料、设置常用的打印参数。如图2-49所示。

图2-49　工具栏

　　1.3D打印机的选择和设置

　　单击打印机设置区域，如图2-50所示，可以添加新的打印机，添加的打印机既可以是Uitimaker的打印机，也可以不是Uitimaker的打印机。打印机的添加方式包括在线联网添加和未联网添加两种。如果Cura软件中已经包括该类型的打印机，直接选择打印机类型即可。若软件中没有找到打印机，可以添加个人使用的打印机，并在打印机管理中设置打印机参数，如图2-51所示。

　　2.材料设置

　　单击【材料】选项可以设置打印材料的参数，并选择合适的打印材料，如图2-52所示。

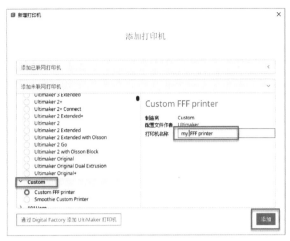

图2-50　添加新打印机

图2-51　设置打印机参数

3.打印设置

在【打印设置】中可以设置打印设备的配置文件、填充密度、填充图案、外壳厚度，以及支撑类型和放置等，如图2-53所示。

图2-52　材料设置

图2-53　打印设置

（1）配置文件

通过配置文件可以对设备的参数进行全局配置，该设备的参数在详细设计中修改。

（2）建议的设置

通过建议的设置，可以在填充密度、填充图案、外壳厚度，以及支撑类型和放置等方面进行初步的设置。

（3）显示自定义

在需要对打印参数进行详细设计时，可以在【显示自定义】中对参数进行设置。自定义设置包括常用设置、基本设置、高级设置、专家设置和全参数设置5种方式。每种设置方式所包含的参数数量不同。

① 质量，该组内参数直接影响打印精度，如图2-54所示。

【层高】：层高即打印模型时每一层的高度。打印精度高的模型可以选择0.1mm或更小的数值，精度越高，打印时间越长；

图2-54　设置质量参数

如果打印模型精度要求不是很高，且模型比较大，可以选择0.2mm（或者更换其他孔径较大的喷嘴）并选择更大的层高。

【起始层高】：开始打印时，为了保证打印模型与底座的粘连，一般要设置附着打印部分，起始层高数值越大，与打印平台的黏着越疏松。

【走线宽度】：单一走线宽度，每条线的宽度应与喷嘴相对应。为了提高质量，可以选择稍小于喷嘴直径的数值以改善打印效果。

② 墙，该组内参数影响打印模型的强度。

【壁厚】：壁厚是指模型水平方向的横截面轮廓的厚度。该参数决定走线次数。壁厚的数值要与喷嘴直径成倍数关系。

【壁走线次数】：打印壁时需要走线的次数，数值为整数。

【壁过渡长度】：不同壁厚的过渡的长度值。

【水平扩展】：每一层的形状的偏移量，负数值可以补偿过大的孔洞，正数值可以补偿较小的孔洞。

③ 顶和底层，设置打印顶层和底层时的参数。

【顶层/底层厚度】：设置打印模型时模型的顶层和底层的厚度，通过层厚和层高能够计算需打印出的实心层的数量。

④ 填充。

【填充密度】：指内部填充比率，该选项不会影响模型的外观，可用来调整模型的强度。若需要空心物体，需设置成0；若需要实心物体，则设置成100。一般设置为15～30。

【填充图案】：指打印时内部填充的材料的图案。目前系统默认的填充图案包括立方体、网格、直线、三角形、内六角、立方体、立方体分区、八角形、四面体、同心圆、锯齿状、交叉、交叉3D、螺旋二十四面体、闪电形。

⑤ 材料。

该组中包含打印温度和打印平台的温度。喷头温度根据耗材的最佳打印温度而设置，不同厂家的耗材有不同的最佳打印温度。

⑥ 速度。

【打印速度】：打印速度是根据模型的复杂程度及所要达到的打印效果来设置的。

⑦ 移动。

【启用回轴】：即回缩选项，当喷嘴跨越空白区域时，若没有开启此项功能，由于重力的作用，喷嘴会流出少许耗材，造成拉丝现象。若开启此项功能，跨越空白区域时，挤出机构就会将材料按照所设置的速度和长度进行回缩。

【回轴时Z抬升】：当回轴完成时，打印平台会降低，以便在喷嘴和打印品之间形成空隙，此设置可以防止喷嘴在空驶过程中撞到打印品。

⑧ 支撑。

由于3D打印是逐层进行的，当遇到悬空部位时，就可能出现下层模型不足以支撑新一层模型的情况，这就需要设置支撑。

【支撑结构】：设置模型需要打印的支撑或者模型底部的底板与模型的过渡。Cura软件中的支撑结构有正常支撑和树形支撑。正常支撑在悬垂部分正下方形成一个支撑结构，并直接覆盖垂下的区域，树形支撑形成一些分支，这些分支朝向模型悬垂区域形成支撑。

【支撑放置】：支撑放置包括全部支撑和支撑打印平台两种类型。当设置为全部支撑时，支撑结构也将在模型上打印。

【支撑悬垂角度】：用于添加支撑的最小悬垂角度，当角度为0°时，将对所有悬垂部分提供支撑；当角度为90°时，不提供任何支撑。

注意：对于结构复杂的模型，通常选择正常支撑，但表面的效果会受影响，可以适当旋转模型，尽量选择支撑少的位置打印。

⑨ 打印平台附着。

此功能是通过增加一个边缘线或一个底座让模型更好地黏附在平台上。4个下拉选项包括无、底层边线（Skirt）、底部单层面（Brim）和底层网格（Raft）。

底层边线（Skirt）：在模型四周打印几圈线，但并不与模型连接。边线的圈数可以设置，一般为5～10圈。

底部单层面（Brim）：在模型基座周围添加单层平面区域，以防止卷翘。

底层网格（Raft）：在模型底面添加一个有顶板的厚网格。

4. 页面工具

在页面的左侧有常用的6个快捷键图标：【移动】【缩放】【旋转】【镜像】【单一模型设置】【支撑拦截器】。

移动 ⊕：沿着 X、Y、Z 方向移动模型。

缩放 ⌷：按比例缩放模型。

旋转 ↺：旋转模型。

镜像 ⬕：镜像模型。

单一模型设置 ⊞：进行此模型的自定义设置。

 任务实施

一、烟感器模型切片

利用 Cura 软件完成烟感器模型的切片。

『步骤1』导入模型。

单击模型显示区左上角的 📁 图标导入模型，单击模型后直接拖拽，可移动模型，如图2-55所示。

项目2
打印数据

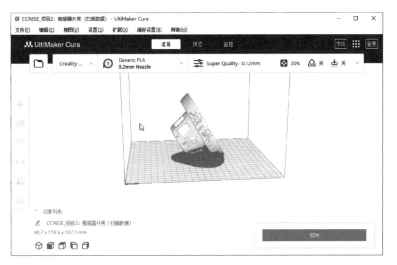

2-5 烟感器
切片

图2-55　导入模型

『步骤2』调整模型。

单击模型后，预览区左侧会出现【移动】【缩放】【旋转】【镜像】【单一模型设置】【支撑拦截器】6个图标，利用这些图标可以对模型进行简单调整。单击【旋转】图标，可拖拽模型四周的圆圈来调整模型角度，如图2-56所示。单击【缩放】图标，打开相应对话框，输入缩放比例，如图2-57所示。

图2-56　调整模型角度

图2-57　缩放模型

『步骤3』设置打印参数。

① 打开【打印设置】对话框，选择参数基本设置模式。设置"层高"为"0.2mm"、【壁厚】为"0.8mm"，勾选"允许反抽"复选框，设置【顶层/底层厚度】为"0.8mm"、【填充密度】为"20%"、【打印速度】为"80mm/s"、【打印温度】为"210℃"、【打印平台温度】为"60℃"，【支撑放置】选择"全部支撑"，【打印平台附着类型】选择"无"，选择【耗材直径】为"1.75mm"、【流量】为"100%"，如图2-58所示。单击右下角【切片】命令，可在模型窗口左上角查看打印时长和耗材使用量。

图2-58　设置打印参数

② 选择界面顶部【预览】命令，查看切片结果，如图2-59所示。

『步骤4』输出GCode代码。

单击模型窗口右下角"保存至可移动磁盘"图标，选择保存位置，导出GCode文件，如图2-60所示。

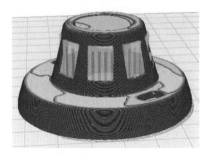

图2-59　切片结果

图2-60　导出GCode文件

二、烟感器模型3D打印

『步骤1』打开3D打印机。

打开开关，设备开机，如图2-61所示。

『步骤2』选择打印文件，开始打印。

单击控制屏幕中【打印】图标，选择打印文件，单击下方【打印】图标，开始打印，如图2-62～图2-64所示。

『步骤3』取出零件。利用铁铲将模型从打印平台上铲下。

『步骤4』去除支撑。利用尖嘴钳、镊子等工具将模型上的支撑材料取下，得到模型，如图2-65所示。

图2-61　设备开机

图2-62　进入打印模式

图2-63　选择打印文件

图2-64　开始打印

图2-65　模型

 任务评价

基本信息	姓名		班级		学号		组别	
	评价方式			□教师评价　□学生互评　□学生自评				
	规定时间		完成时间		考核日期		总评成绩	
考核内容	序号	步骤		完成情况		分值	得分	
				完成	未完成			
	1	课前预习，在线学习基础知识				10		
	2	Cura 软件中的设备选择和设置				5		
	3	Cura 软件中的材料设置				5		
	4	Cura 软件中的打印参数设置				10		
	5	烟感器外壳模型切片				15		
	6	烟感器外壳模型 3D 打印				20		
	7	团队协作、沟通表达				10		
	8	操作规范、遵规守纪的安全意识培养				10		

| 任务反思 | 1. 在完成任务中遇到了哪些问题?
2. 你是如何解决上述问题的?
3. 在本任务中你学到了哪些知识?
(每个问题 5 分,表达清晰可加 1～3 分) | | | 15 | |
| 教师评语 | | | | | |

 项/目/小/结

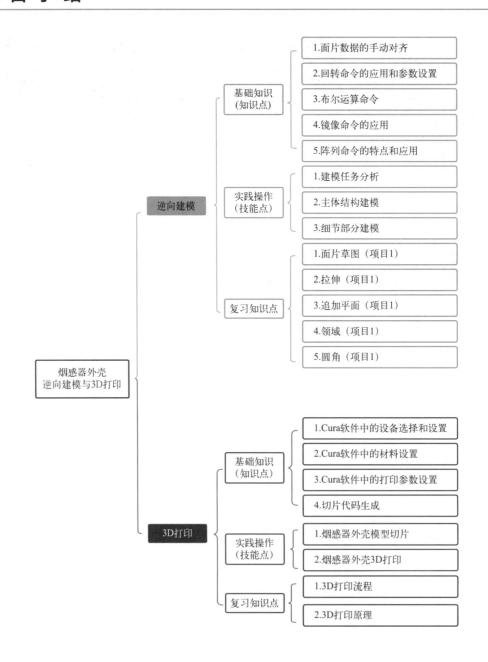

拓/展/练/习

一、选择题

1.用 Cura 软件对照片进行浮雕处理时，填充密度应设置为（　）。

　　A.0　　　　　　　　　B.45　　　　　　　　　C.75　　　　　　　　　D.100

2.FDM 成型设计中不需要支撑材料就完成打印的常用角度是（　）。

　　A.15°　　　　　　　　B.30°　　　　　　　　C.45°　　　　　　　　D.60°

3.3D 打印最早出现的是以下哪一种技术（　）？

　　A. SLA　　　　　　　B. FDM　　　　　　　C. LOM　　　　　　　D. 3DP

4.熔融沉积成型（FDM）技术是（　）于 1988 年发明的，并于 1989 年成立了 Stratasys 公司。

　　A.罗军　　　　　　　B.Charles Hull　　　　C.斯科特·克伦普　　D.EmanuaI Sachs

5.以制造工艺划分，3D 打印叫作（　）。

　　A.等材制造　　　　　B.减材制造　　　　　　C.增材制造　　　　　　D.批量制造

二、操作题

1.完成题图 2-1 旋转支架模型的逆向设计和 3D 打印（逆向精度 ±0.1mm）。

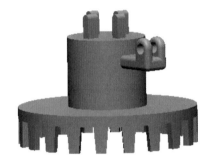 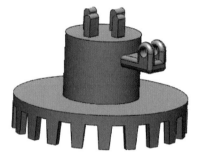

题图 2-1
（扫描数据）

（a）三维扫描数据　　　　　　　　　　（b）逆向建模模型

题图 2-1　旋转支架

2.完成题图 2-2 鼓风机端盖模型的逆向设计和 3D 打印（逆向建模精度 ±0.1mm）。

题图 2-2
（扫描数据）

（a）三维扫描数据　　　　　　　　　　（b）逆向建模模型

题图 2-2　鼓风机端盖

项目三
摄像头壳体逆向建模与3D打印

本项目通过摄像头壳体深入学习回转类模型的逆向建模；学习拉伸、旋转、布尔运算等命令的综合应用；学习切割、曲面偏移、剪切曲面、延长曲面命令的应用；深入学习切片软件参数的设置，熟悉FDM 3D打印机常见的故障。

◉ **知识目标**

1. 熟悉切割命令的应用。
2. 掌握曲面偏移的方法。
3. 掌握剪切曲面的步骤和注意事项。
4. 熟悉延长曲面的方法。
5. 熟悉FDM 3D打印机的常见故障和调整方式。
6. 熟悉FDM 3D打印流程。

◉ **技能目标**

1. 能完成摄像头壳体的逆向建模。
2. 能完成摄像头壳体的3D打印。

◉ **素质目标**

1. 精益求精、质量意识。
2. 生产与信息安全意识。
3. 团结合作、沟通表达。

任务一 摄像头壳体逆向建模

 学习任务单

任务名称	摄像头壳体逆向建模
任务描述	根据丢失设计数据的摄像头壳体 [图（a）]，利用三维扫描仪获得三维扫描数据 [图（b）]，再利用 Geomagic Design X 软件重获原始设计数据 [图（c）]    （a）摄像头壳体　　（b）三维扫描数据　　（c）逆向设计模型
任务分析	摄像头壳体属于典型的较复杂的回转类零件，其逆向过程主要包括划分领域组、对齐坐标系、绘制面片草图等。首先绘制摄像头主体结构，其次绘制孔等细节部分，最后对绘制完成的模型进行精度检测
成果展示与评价	各组每个成员均要完成摄像头壳体的逆向建模，小组间利用软件中的精度分析命令开展互评，最后由教师综合评定成绩

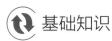 基础知识

一、切割

1.功能

利用曲面来分离实体，如图3-1所示。

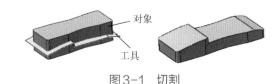

图3-1 切割

2.参数

在【模型】选项卡中，单击【切割】⚙图标，打开"切割"对话框，如图3-2所示。

【工具要素】：选择可以作为切割工具的要素，可以选择平面、领域、草图等。

【对象体】：要被切割的目标实体。

【残留体】：切割后要保留的实体。

图3-2 "切割"对话框

二、曲面偏移

1. 功能

以给定的距离移动实体的面或曲面，如图3-3所示。

2. 参数

在【模型】选项卡中，单击【曲面偏移】◈图标，打开"曲面偏移"对话框，如图3-4所示。

【面】：选择曲面或实体的面。

【偏移距离】：指定偏移的距离。

【删除原始面】：选择是否删除偏移前的原始面。

图3-3　曲面偏移

图3-4　"曲面偏移"对话框

三、剪切曲面

1. 功能

通过使用曲面、实体或曲线等特征来切割曲面，如图3-5所示。

图3-5　剪切曲面

2. 参数

在【模型】选项卡中，单击【剪切曲面】◈图标，打开"剪切曲面"对话框，如图3-6所示。

【工具】：选择应用【剪切】命令的工具体。

注意：当工具体未与目标实体完全相交时，将自动扩展生成交点，如图3-7所示。

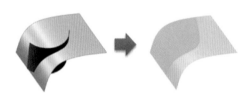

图3-7　工具体与目标实体相交

图3-6　"剪切曲面"对话框

【对象】：要被剪切的曲面。

注意：可以在不定义对象体的情况下在工具体之间互相修剪。

【残留体】：选择剪切保留的区域。

3. 反剪切曲面

扩展曲面边界将曲面恢复到修剪前的原始状态，如图3-8所示。

图3-8　反剪切曲面

四、延长曲面

1. 功能

从曲面的边界依据选定的延长方式扩展该曲面，如图3-9所示。

图3-9　延长曲面

2. 参数

在【模型】选项卡中，单击【延长曲面】◈图标，打开"延长曲面"对话框，图3-10所示。

【边线/面】：选择要延长的边或面。

【距离】：设置延长的长度。

【到点】：选择实体上的点作为延长的终止条件，如图3-11所示。

【到体/领域】：选择实体或区域上的面作为延长的终止条件，如图3-12所示。

图3-10　"延长曲面"对话框

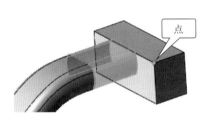

图3-11　到点

图3-12　到体/领域

【线形】：线形延长曲面，如图3-13所示。

【曲率】：按照与曲面相同的曲率来延长曲面，如图3-14所示。

【同曲面】：通过镜像曲面的方式来延长曲面，如图3-15所示。

图3-13　线形　　　　　　图3-14　曲率　　　　　图3-15　同曲面

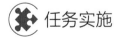 任务实施

一、数据采集

模型：摄像头壳体如图3-16（a）、（b）所示。

3-1 摄像头
壳体数据
采集

扫描设备：手持三维扫描仪如图3-16（c）所示。
扫描模型：扫描数据如图3-16（d）所示。

（a）壳体正面　　　　　（b）壳体背面　　　　（c）三维扫描仪　　　　（d）壳体扫描数据

图3-16　摄像头壳体

二、建模步骤

通过摄像头壳体的逆向设计，主要掌握Geomagic Design X软件的回转类零件逆向建模流程。该流程主要包括划分领域组、绘制面片草图、拉伸结构主体、绘制细节特征等几个部分。建模流程如图3-17所示。

领域组1	切割1	拉伸7(合并)
线1	曲面偏移1	草图10(面片)
草图1(面片)	切割2	拉伸8(合并)
回转1	布尔运算2(合并)	平面6
草图2(面片)	平面3	草图11(面片)
拉伸1	草图7(面片)	拉伸9(切割)
草图3(面片)	拉伸5	草图12(面片)
拉伸2(切割)	曲面偏移2	拉伸10(切割)
平面1	曲面偏移3	圆角1(恒定)
草图4(面片)	剪切曲面1	圆角2(恒定)
拉伸3	延长曲面1	圆角3(恒定)
圆形阵列1	切割3	圆角4(恒定)
布尔运算1(切割)	布尔运算3(切割)	圆角5(恒定)
草图5(面片)	平面4	圆角6(恒定)
拉伸4(切割)	草图8(面片)	圆角7(恒定)
草图6(面片)	拉伸6(合并)	圆角8(恒定)
回转2	平面5	圆角9(恒定)
平面2	草图9(面片)	圆角10(恒定)

图3-17　建模流程

项目3
扫描数据

1. 对齐基准坐标

『步骤1』导入数据。

选择菜单栏中的【插入】→【导入】命令，打开"导入"对话框，导入"项目3扫描数据.stl"文件，或直接把模型拖到绘图区。

『步骤2』自动分割领域组，如图3-18所示。

① 选择菜单栏中的【领域】选项卡，进入创建领域组工具栏。

② 单击【自动分割】◎图标，打开"自动分割"对话框。

③ 在"自动分割"对话框中，设置【敏感度】为"30"，将【面片的粗糙度】的滑块移至中间位置。

3-2 摄像头壳
体对齐坐标

④ 单击✅图标确认。

图3-18　自动分割领域组

『步骤3』创建基准平面。

① 在【模型】选项卡中，单击【平面】⊞图标，打开"追加平面"对话框，如图3-19所示。

② 在"追加平面"对话框中，【要素】选择模型底部平面领域，【方法】选择"提取"，如图3-20所示。

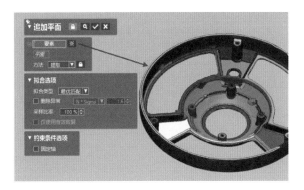

图3-19　"追加平面"对话框　　　　　　　图3-20　创建基准平面

③ 选择结束后单击☑图标，完成创建基准平面操作。

『步骤4』创建基准轴。

① 在【模型】选项卡中，单击【线】⊁图标，打开"添加线"对话框，如图3-21所示。

② 在"添加线"对话框中，【要素】选择模型外轮廓领域，【方法】选择"检索圆锥轴"，如图3-22所示。

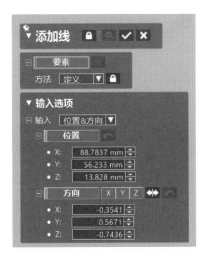

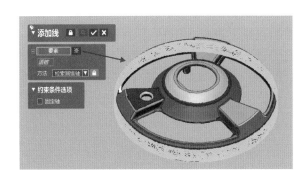

图3-21　"添加线"对话框　　　　　　　图3-22　创建基准轴

③ 选择结束后单击☑图标，完成创建基准轴操作。

『步骤5』对齐基准坐标。

① 在【对齐】选项卡中，单击【手动对齐】▦图标，打开"手动对齐"初始对话框，如图3-23所示。单击【下一阶段】图标➡，进入"手动对齐"对话框，如图3-24所示。

② 在"手动对齐"对话框中，【移动】选择"3-2-1"，【平面】选择"平面1"，【线】选择"线1"。

③ 选择结束后单击☑图标，完成对齐基准坐标操作。

④ 删除【树】下"平面1"。

图3-23 "手动对齐"初始对话框　　图3-24 "手动对齐"对话框

3-3 摄像头壳体主体建模

2. 主体建模

『步骤1』绘制外侧圆盘部分。

① 在【草图】选项卡中，单击【面片草图】 ✍ 图标，打开"面片草图的设置"对话框。投影方式选择"回转投影"，设置【中心轴】为"线1"、【基准平面】为"右"。

② 将中间圆形实线移动到三个连接部位中的完整部位的中心处，单击 ✅ 图标，截取到圆盘部分的较完整的外轮廓线，如图3-25所示。

③ 利用【直线】【相交剪切】【约束条件】等命令绘制面片草图，建立如图3-26所示草图，绘制完成后退出草图。

④ 在【模型】选项卡中，单击【回转】 ⚲ 图标，打开"回转"对话框，【基准草图】选择"草图1（面片）"，【轴】选择"线1"，【角度】为360°，单击 ✅ 图标。

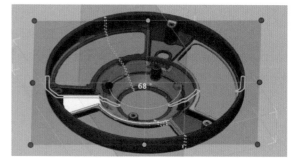

图3-25 截取圆盘部分外轮廓线

⑤ 在【草图】选项卡中，单击【面片草图】 ✍ 图标，打开"面片草图的设置"对话框，【基准平面】选择"右"，【轮廓投影范围】设置为"80mm"，单击 ✅ 图标，建立单条线段，绘制完成后退出草图，"草图2（面片）"如图3-27所示。

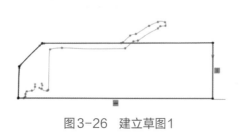

图3-26 建立草图1

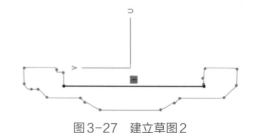

图3-27 建立草图2

⑥ 在【模型】选项卡中，单击【拉伸】 ◰ 图标，打开"拉伸"对话框，【基准草图】选择"草图2（面片）"，设置【方向】长度为"30mm"、【反方向】长度为"30mm"，单击 ✅ 图标，建立平面。

⑦ 在【草图】选项卡中，单击【面片草图】 ✍ 图标，打开"面片草图的设置"对话框，【基准平面】选择"拉伸平面"，【由基准面偏移的距离】设置为"5mm"，单击 ✅ 图标，利用【圆】命令建立草图，绘

制完成后退出草图，"草图3（面片）"绘制完成，如图3-28所示。

⑧ 在【模型】选项卡中，单击【拉伸】⚿图标，打开"拉伸"对话框，【基准草图】选择"草图3（面片）"，设置【方向】长度为"30mm"，【结果运算】勾选"切割"复选框，单击✅图标。

『步骤2』镂空部分建模。

① 在【模型】选项卡中，单击【平面】⊞图标，打开"追加平面"对话框。在"追加平面"对话框中，【要素】选择如图3-29所示领域，【方法】选择"提取"，选择结束后单击✅图标，完成"追加平面"操作，如图3-29所示。

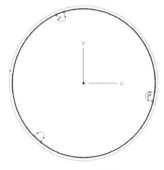

图3-28 建立草图3

② 在【草图】选项卡中，单击【面片草图】✅图标，打开"面片草图的设置"对话框，设置【基准平面】为"平面1"、设置"由基准面偏移的距离"为"2mm"，单击✅图标，利用【直线】【相交剪切】【约束条件】等命令绘制面片草图，绘制完成后退出草图，"草图4（面片）"绘制完成，如图3-30所示。

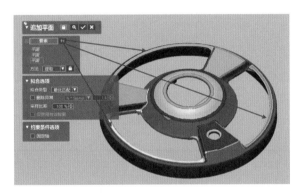

图3-29 追加平面1

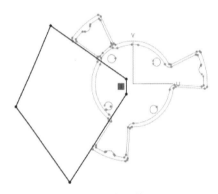

图3-30 建立草图4

③ 在【模型】选项卡中，单击【拉伸】⚿图标，打开"拉伸"对话框，【基准草图】选择"草图4（面片）"，设置【方向】长度为"10mm"，【结果运算】选项不选择，单击✅图标。

④ 在【模型】选项卡中，单击【圆形阵列】图标，打开"圆形阵列"对话框，【体】选择"拉伸3"，【回转轴】选择"线1"，【要素数】选择"3"，【合计角度】选择"360°"，勾选"等间隔""用轴回转"复选框，单击✅图标，绘制结果如图3-31所示。

⑤ 在【模型】选项卡中，单击【布尔运算】⚿图标，打开"布尔运算"对话框，【操作方法】选择"切割"，【工具要素】选择阵列的三个拉伸体，【对象体】选择"拉伸2"，单击✅图标。

⑥ 在【草图】选项卡中，单击【面片草图】✅图标，打开"面片草图的设置"对话框，选择【基准平面】为"平面1"、【轮廓投影范围】为"10mm"，单击✅图标，利用【直线】【圆】【圆形阵列】等命令绘制面片草图，绘制完成后退出草图，"草图5（面片）"绘制完成，如图3-32所示。

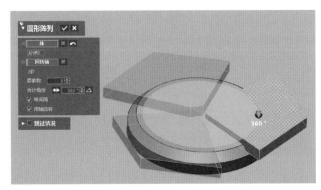

图3-31 圆形阵列

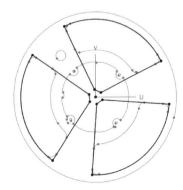

图3-32 建立草图5

⑦ 在【模型】选项卡中，单击【拉伸】📦图标，打开"拉伸"对话框，【基准草图】选择"草图5（面片）"，设置【方向】长度为"10mm"、【反方向】长度为"10mm"，【结果运算】选择"切割"复选框，单击✅图标。

『步骤3』中间回转部分建模。

① 在【草图】选项卡中，单击【面片草图】📐图标，打开"面片草图的设置"对话框。设置投影方式为"回转投影"、【中心轴】为"线1"、【基准平面】为"右"，建立草图，如图3-33所示。

② 在【模型】选项卡中，单击【回转】🌀图标，打开"回转"对话框，【基准草图】选择"草图6（面片）"，【轴】选择"线1"，【角度】为360°，单击✅图标。

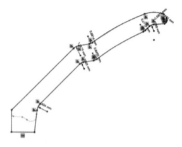

图3-33　建立草图6

③ 在【模型】选项卡中，单击【平面】⊞图标，打开"追加平面"对话框。在"追加平面"对话框中，【要素】选择"拉伸1"，【方法】选择"提取"，选择结束后单击✅图标，完成"追加平面"操作。

④ 在【模型】选项卡中，单击【切割】🔧图标，打开"切割"对话框，【工具要素】选择"平面2"，【对象体】选择"回转2"，选择【下一阶段】➡图标，选择【残留体】为上部分结构，如图3-34所示。

『步骤4』合并模型。

① 在【模型】选项卡中，单击【曲面偏移】◈图标，打开"曲面偏移"对话框，选择图3-35所示两面，【偏移距离】选择"0mm"，单击✅图标。

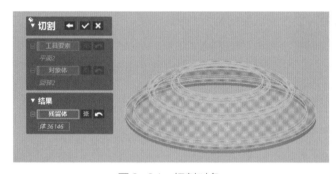

图3-34　切割对象

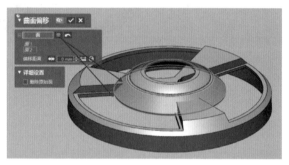

图3-35　曲面偏移

② 在【模型】选项卡中，单击【切割】🔧图标，打开"切割"对话框，【工具要素】选择"曲面偏移1"，【对象体】选择"拉伸4（切割）"，选择【下一阶段】➡图标，选择【残留体】为外侧圆环结构，单击✅图标。

③ 在【模型】选项卡中，单击【布尔运算】🔧图标，打开"布尔运算"对话框，【操作方法】选择"合并"，【工具要素】选择"切割1""切割2"，单击✅图标。

3.细节建模

『步骤1』内部凹槽建模。

3-4 摄像头壳体细节建模

① 在【模型】选项卡中，单击【平面】⊞图标，打开"追加平面"对话框。在"追加平面"对话框中，【要素】选择如图3-36所示领域，【方法】选择"提取"，选择结束后单击✅图标，完成"追加平面"操作，如图3-36所示。

② 在【草图】选项卡中，单击【面片草图】📐图标，打开【面片草图的设置】对话框，设置【基准平面】为"平面3"、【由基准面偏移的距离】为"3mm"，单击✅图标，利用【直线】【曲线】【相交剪切】等命令绘制面片草图，绘制完成后退出草图，如图3-37所示。

③ 在【模型】选项卡中，单击【拉伸】📦图标，打开"拉伸"对话框，【基准草图】选择"草图7（面片）"，设置【方向】长度为"13mm"，单击✅图标。

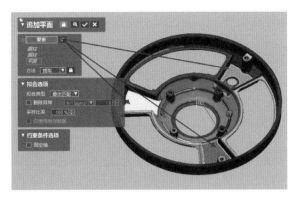

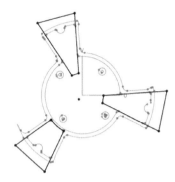

图 3-36　建立平面 3　　　　　　　　　　　　图 3-37　绘制草图 7

④ 在【模型】选项卡中，单击【曲面偏移】◈图标，打开"曲面偏移"对话框，选择如图 3-38 所示的面，【偏移距离】选择向内"2mm"，单击✓图标。

⑤ 在【模型】选项卡中，单击【曲面偏移】◈图标，打开"曲面偏移"对话框，选择如图 3-39 所示的面，【偏移距离】选择"0mm"，单击✓图标。

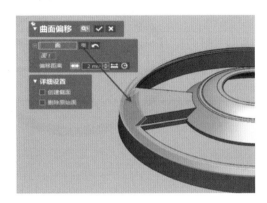

图 3-38　曲面偏移 2mm　　　　　　　　　　图 3-39　【曲面偏移】对话框

⑥ 在【模型】选项卡中，单击【剪切曲面】◈图标，打开"剪切曲面"对话框，【工具要素】选择"曲面偏移 2""曲面偏移 3"，选择【下一阶段】➡图标，选择【残留体】，如图 3-40 所示。

⑦ 在【模型】选项卡中，单击【延长曲面】◈图标，打开"延长曲面"对话框，选择如图 3-41 所示边线，【延长距离】设置为"2mm"，单击✓图标。

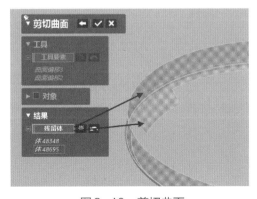

图 3-40　剪切曲面　　　　　　　　　　　　图 3-41　延长曲面

⑧ 在【模型】选项卡中，单击【切割】◈图标，打开"切割"对话框，【工具要素】选择"剪切曲面 1"，【对象体】选择"拉伸 5-1""拉伸 5-2""拉伸 5-3"，选择【下一阶段】➡图标，选择【残留体】为环形内部形状。

⑨ 在【模型】选项卡中，单击【布尔运算】⫘图标，打开"布尔运算"对话框，【操作方法】选择"切割"，【工具要素】选择"切割3-1""切割3-2""切割3-3"，【对象体】选择"切割2"，单击✅图标。

『步骤2』固定台建模。

① 在【模型】选项卡中，单击【平面】⊞图标，打开"追加平面"对话框。在"追加平面"对话框中，【要素】选择，如图3-42所示领域，【方法】选择"提取"，选择结束后单击✅图标，完成"追加平面"操作。

② 在【草图】选项卡中，单击【面片草图】⯈图标，打开"面片草图的设置"对话框，设置【基准平面】为"平面4"、【由基准面偏移的距离】为"3mm"，单击✅图标，利用【长穴】【直线】【分割剪切】等命令绘制面片草图，绘制完成后退出草图，如图3-43所示。

③ 在【模型】选项卡中，单击【拉伸】⬜图标，打开"拉伸"对话框，【基准草图】选择"草图8（面片）"，【方法】选择"到体"，【选择要素】选择"布尔运算3（切割）"，【结果运算】选择【合并】复选框，单击✅图标。

④ 同前面方法，建立"平面5""草图9""拉伸7"，结果如图3-44所示。

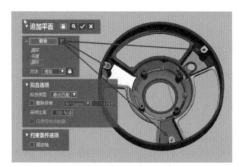
图3-42　建立平面4

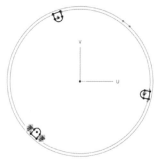
图3-43　建立草图8

图3-44　模型预览

『步骤3』其他细小特征建模。

① 在【草图】选项卡中，单击【面片草图】⯈图标，打开"面片草图的设置"对话框，设置【基准平面】为如图3-45所示领域、【由基准面偏移的距离】为0mm，单击✅图标。利用【长穴】【直线】【分割剪切】等命令绘制面片草图，绘制完成后退出草图，"草图10（面片）"绘制完成，如图3-46所示。

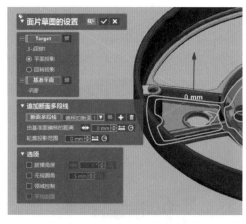
图3-45　面片草图建立

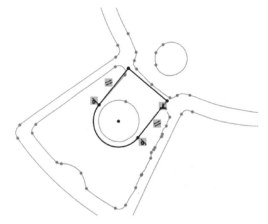
图3-46　绘制草图10

② 在【模型】选项卡中，单击【拉伸】⬜图标，打开"拉伸"对话框，【基准草图】选择"草图10（面片）"，【方法】选择"到体"，【选择要素】选择"拉伸7（合并）"，【结果运算】选择【合并】复选框，单击✅图标。

③ 在【模型】选项卡中，单击【平面】⊞图标，打开"追加平面"对话框。在"追加平面"对话框中，【方法】为"选择多个点"，这里选择如图3-47所示6个点，结束后单击☑图标，完成"追加平面"操作。

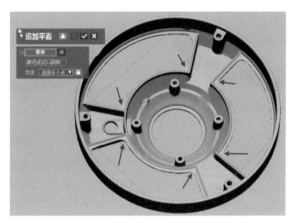

图3-47　利用多个点建立平面图

④ 在【草图】选项卡中，单击【面片草图】☑图标，打开"面片草图的设置"对话框，【基准平面】选择"平面6"，【由基准面偏移的距离】设置为"0.2mm"，单击☑图标。利用【圆】【直线】【圆形阵列】等命令绘制面片草图，绘制完成后退出草图，"草图11（面片）"绘制完成，如图3-48所示。

⑤ 在【模型】选项卡中，单击【拉伸】◻图标，打开"拉伸"对话框，【基准草图】选择"草图11（面片）"，设置【长度】为"1mm"、【拔模角度】为"45°"，【结果运算】选择【切割】复选框，单击☑图标。

⑥ 在【草图】选项卡中，单击【面片草图】☑图标，打开"面片草图的设置"对话框，【基准平面】选择如图3-49所示平面，【轮廓投影范围】设置为"5mm"，单击☑图标。利用【圆】命令绘制面片草图，绘制完成后退出草图，"草图12（面片）"绘制完成。

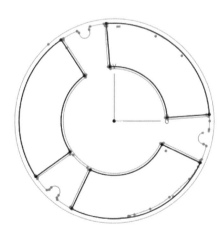

图3-48　建立草图11

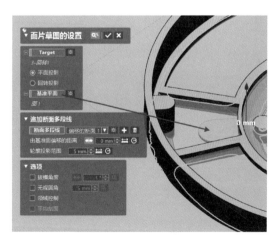

图3-49　建立面片草图

⑦ 在【模型】选项卡中，单击【拉伸】◻图标，打开"拉伸"对话框，【基准草图】选择"草图12（面片）"，设置【距离】为"10mm"，【结果运算】选择【切割】复选框，单击☑图标。

⑧ 在【模型】选项卡中，单击【圆角】◠图标，打开"圆角"对话框，利用【圆角】工具对边角处进行圆角处理，结束后单击☑图标。

⑨ 单击【体偏差】◻图标，上下偏差设置为0.3mm，查看模型精度，如图3-50所示。完成建模，最终模型如图3-51所示。

图3-50　体偏差　　　　　　　　　图3-51　最终模型

项目3
摄像头壳体
（建模数据）

4.文件保存与输出

绘制完成的模型可以直接保存为软件的默认格式"*.xrl"。若保存为其他格式，则单击【菜单】中的【文件】→【输出】命令，打开"输出"对话框，设置【要素】为建模实体模型，单击图标，在打开的"输出"对话框中，选择要保存的文件类型，如选择"stp"格式，保存文件为"项目3 摄像头壳体（建模数据）.stp"。

🎯 任务评价

基本信息	姓名			班级		学号		组别	
	评价方式				□教师评价　　□学生互评　　□学生自评				
	规定时间			完成时间		考核日期		总评成绩	
考核内容	序号	步骤			完成情况		分值	得分	
					完成	未完成			
	1	课前预习，在线学习基础知识					10		
	2	曲面偏移的方法和注意事项					5		
	3	剪切曲面的方法、步骤					5		
	4	延长曲面的方法和应用					5		
	5	摄像头外壳主体结构建模					25		
	6	摄像头外壳细节部分建模					20		
	7	团队协作、沟通表达					5		
	8	精益求精、质量意识					5		
	9	生产与信息安全意识					5		
任务反思	1.在完成任务中遇到了哪些问题？ 2.你是如何解决上述问题的？ 3.在本任务中你学到了哪些知识？ （每个问题5分，表达清晰可加1～3分）						15		
教师评语									

任务二　摄像头壳体 3D 打印

 学习任务单

任务名称	摄像头壳体 3D 打印
任务描述	基于 FDM 3D 打印机，完成摄像头模型的切片 [图（a）]、FDM 3D 打印 [图（b）] (a) 模型切片　　　　　　　　(b) FDM 3D打印
任务分析	对 Cura 软件的参数进行合理设置，导出切片程序，操作 FDM 3D 打印机，完成零件的打印。 要完成摄像头壳体的 FDM 3D 打印，应先用 Cura 软件根据模型特点完成切片，再操作 FDM 3D 打印机打印
成果展示与评价	每组要完成一个模型的打印，小组间互评后由教师综合评定成绩

 基础知识

FDM 打印机常见问题及处理如表 3-1 所示。

表 3-1　FDM 打印机常见问题及处理

序号	常见问题	原因	解决方法
1	喷头堵住	① 喷嘴堵住，喷嘴混入异物。 ② 喉管堵住，喷头风扇散热不足，耗材在喉管融化阻塞。	① 清理喷嘴。 ② 更换喷头风扇。
2	模型打印停止	① 停电导致的（模型未打印完，喷嘴停在模型上）。 ② SD 卡问题导致文件传输停止（模型未打印完，喷嘴停在模型上）。 ③ 模型切片有问题（模型未打印完，喷嘴悬空停在模型上方）。 ④ 喷头堵住（模型未打印完，喷嘴回到原点）。	① 检查电源，重新打印。 ② 格式化或更换 SD 卡。 ③ 重新切片重新打印。 ④ 清理喷嘴。
3	打印时，喷头左右抖动	① X 轴电机线接触不良。 ② X 轴小驱动板有问题。	① 重新连接 X 轴电机线，若不能解决，则更换 X 轴电机线。 ② 更换主板。

续表

序号	常见问题	原因	解决方法
4	模型出现错层现象	① 同步轮紧定螺钉松造成打滑。 ② 挤出背板松动。 ③ 底部滑块板左右晃动。	① 检查及拧紧紧定螺钉。 ② 调整挤出背板上的偏心螺母，使挤出背板在 X 轴型材上不会晃动。 ③ 调整底部滑块板下的偏心螺母，使其在 Y 轴型材上不会晃动。
5	拉丝或是垂丝	① 回抽距离问题。 ② 回抽速度问题。 ③ 喷嘴温度过高。	① 设置合理的回抽距离（8 ～ 12mm）。 ② 设置合理的回抽速度（60 ～ 100mm/s）。 ③ 适度下调温度，推荐 PLA 为 200℃、ABS 为 240℃。

✳ 任务实施

一、摄像头壳体模型切片

项目 3
打印数据

利用 Cura 软件完成摄像头壳体模型的切片。

『步骤1』导入模型。

单击模型显示区左上角的 □ 图标载入模型，单击模型后直接拖拽可移动模型；也可以单击【菜单】中的【文件】→【打开文件】命令，打开"打开文件"对话框，选择要打印的模型，如图 3-52 所示。

『步骤2』调整模型。

单击模型后，预览区左侧会出现【移动】【缩放】【旋转】【镜像】【单一模型设置】【支撑拦截器】6 个图标，利用这些图标可以对模型进行简单调整。单击【缩放】图标，打开相应对话框，输入缩放比例，如图 3-53 所示。

3-5 摄像头模型切片

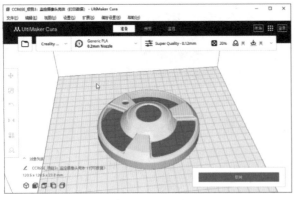

图 3-52　导入模型

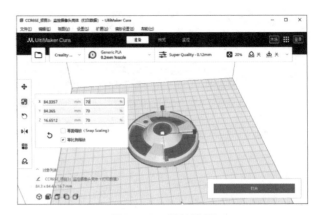

图 3-53　缩放模型

『步骤3』设置打印参数。

① 打开"打印设置"对话框，选择参数基本设置模式。设置【层高】为"0.2mm"、【壁厚】为"0.8mm"，勾选【允许反抽】复选框，设置【顶层 / 底层厚度】为"0.8mm"、【填充密度】为"20%"、【打印速度】为"80mm/s"、【打印温度】为"210℃"、【打印平台温度】为"60℃"，【支撑放置】选择"全部支撑"，【打印平台附着类型】选择"无"，设置【耗材直径】为"1.75mm"、【流量】为"100%"，如

图3-54所示。单击界面右下角【切片】命令，可在模型窗口左上角查看打印时长和耗材使用量。

图3-54　设置打印参数

② 选择界面顶部【预览】命令，查看切片结果，如图3-55所示。

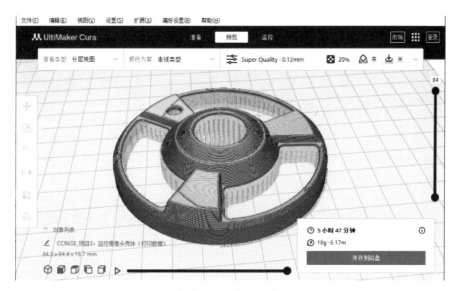

图3-55　切片结果

『步骤4』输出GCode代码。

单击界面右下角【保存到磁盘】图标，选择保存位置，导出GCode文件，存入U盘或SD卡内。

二、摄像头壳体模型3D打印

『步骤1』打开3D打印机。

打开开关，设备开机，如图3-56所示。

『步骤2』选择打印文件，开始打印。

单击控制屏幕中【打印】图标，选择打印文件，单击下方【打印】图标，开始打印，如图3-57～图3-59所示。

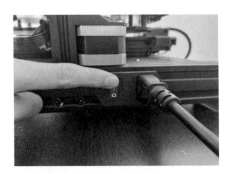

图3-56　设备开机

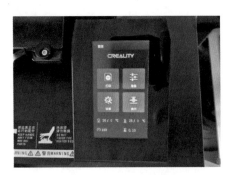

图3-57　进入打印模式

图3-58　选择打印文件

图3-59　开始打印

『步骤3』取出零件。利用铁铲将模型从打印平台上铲下。

『步骤4』去除支撑。利用尖嘴钳、镊子等工具将模型上的支撑材料取下，得到打印后的模型，如图3-60所示。

 任务评价

图3-60　打印模型

基本信息	姓名			班级		学号		组别	
	评价方式			□教师评价　□学生互评　□学生自评					
	规定时间			完成时间		考核日期		总评成绩	
考核内容	序号	步骤			完成情况		分值	得分	
					完成	未完成			
	1	课前预习，在线学习基础知识					10		
	2	FDM 3D 打印机常见问题及处理					15		
	3	摄像头壳体模型切片					15		
	4	摄像头壳体模型的 3D 打印					20		
	5	团队协作、沟通表达					10		
	6	精益求精、质量控制					10		
	7	生产与信息安全意识					5		
任务反思	1. 在完成任务中遇到了哪些问题？ 2. 你是如何解决上述问题的？ 3. 在本任务中你学到了哪些知识？ （每个问题 5 分，表达清晰可加 1～3 分）						15		
教师评语									

项目小结

拓展练习

一、选择题

1.FDM 3D 打印机选用的丝材直径一般是（　）mm。

　A.1.25　　　　　　　　B.1.5　　　　　　　　C.1.75　　　　　　　　D.2.0

2. 模型切片时对于打印时间影响最大的是哪个因素？（　）

　A. 层厚　　　　　　　　B. 打印速度　　　　　　C. 填充速度　　　　　　D. 空走速度

3.FDM 最早由（　）发明。

　A. 美国 Helisys　　　　B. 美国 Stratasys　　　C. 以色列 Object　　　D. 美国 3D Systems

4.FDM 3D 打印机的制件容易使底部产生翘曲变形的原因是（　）。

　A. 无成型空间温度保护系统　　　　　　　　　B. 打印速度过快

　C. 分层厚度不合理　　　　　　　　　　　　　D. 底板无加热

5. 下列哪个是聚乳酸的简称？（　）

　A.ABS　　　　　　　　B.PLA　　　　　　　　C.PCL　　　　　　　　D.TPU

二、操作题

1.完成题图3-1鼓风机外壳模型的逆向设计和3D打印（逆向设计精度 ±0.2mm）。

（a）三维扫描数据　　　　　　　　（b）逆向建模模型

题图3-1　鼓风机外壳

2.完成题图3-2底座模型的逆向设计和3D打印（逆向设计精度 ±0.3mm）。

（a）三维扫描数据　　　　　　　　（b）逆向建模模型

题图3-2　底座

项目四
风扇逆向建模与3D打印

本项目通过风扇逆向建模学习叶片类曲面的逆向建模，主要学习3D草图的绘制和草图相关命令；学习放样的参数设置；学习赋厚曲面的应用；学习采用构造线的构造方法；学习数字投影技术的工作原理、工作过程和技术特点，并初步了解工作流程。

◉ **知识目标**

1. 掌握3D草图的绘制。
2. 掌握放样的方法、步骤和参数设置。
3. 熟悉赋厚曲面的应用。
4. 熟悉构造线的种类、构造方法。
5. 熟悉DLP技术的工作原理和工作过程。
6. 熟悉DLP技术的优缺点。
7. 熟悉DLP技术的工作流程。

◉ **技能目标**

1. 能完成风扇的逆向建模。
2. 能完成风扇模型的3D打印。

◉ **素质目标**

1. 计划严密、发现问题、解决问题的责任担当意识。
2. 规范操作、生产安全意识。
3. 团结合作、沟通表达、尊重友善。

任务一　风扇逆向建模

 学习任务单

任务名称	风扇逆向建模
任务描述	根据丢失设计数据的风扇实物 [图（a）]，利用三维扫描仪获得三维扫描数据 [图（b）]，再利用 Geomagic Design X 软件重获原始设计数据 [图（c）]  （a）风扇外壳　　　（b）三维扫描数据　　　（c）逆向设计模型
任务分析	风扇属于典型的不规则曲面类零件，其逆向建模过程为划分领域组、对齐坐标系、绘制面片草图、回转、拉伸、放样、赋厚曲面等。首先绘制风扇主体结构，其次绘制孔等细节部分，最后对绘制完成的模型进行精度检测
成果展示与评价	各组每个成员均要完成风扇模型的逆向建模，小组间利用软件中的精度分析命令开展互评，最后由教师综合评定成绩

 基础知识

一、3D草图

　　【3D草图】选项卡：在空间区域内，利用【样条曲线】等命令绘制截面轮廓线，创建3D草图。【3D草图】选项卡如图4-1所示，通过该选项卡的相关命令可以绘制所需的3D草图。

图4-1　【3D草图】选项卡

1.样条曲线

　　【样条曲线】命令用于在面片或三维空间中创建3D曲线，"样条曲线"对话框如图4-2所示。【样条曲线】命令在3D草图模式和3D面片草图模式下均可采用。

　　【在相交点结合】：在公差范围内，设置相交曲线的交叉点，如图4-3

图4-2　【样条曲线】对话框

所示。

【基准平面】：选择可用作草图平面的基本平面。

【在辅助矢量上捕捉】：在绘制样条曲线时，选择本选项可以在目标实体中捕捉辅助向量上的曲线点，如图4-4所示。

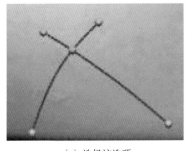

(a) 选择该选项

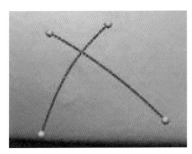

(b) 不选择该选项

图4-3　在相交点结合

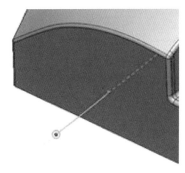

图4-4　在辅助向量上捕捉

注意：

① 在3D草图模式下，可以自动捕捉面片上的点绘制样条曲线。如果创建样条曲线时不需要捕捉面片上的点，需要使用S键或Alt键，如图4-5所示。

(a) 创建样条曲线时捕捉面片上的点

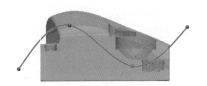

(b) 创建样条曲线时捕捉屏幕上的点

图4-5　捕捉面片的点

② 针对捕捉到的面片上的样条曲线的节点，在其上使用鼠标右键单击，可对约束点进行操作，删除所有节点约束或父约束后，可在视图上自由移动样条曲线的节点。

③ 样条曲线的节点可以在属性中的名义几何选项下输入一个值来指定。

④ 在样条曲线上使用鼠标右键单击，可以显示/隐藏样条曲线上由控制点组成的多边形。

2.偏移

【偏移】命令用于偏移现有直线或曲线，"偏移"对话框如图4-6所示。

【基准要素】：选择曲面、实体、面片等基准要素。

【曲线】：选择要偏移的曲线。

【距离】：设置偏移的距离。

【方向1】：从原始曲线向第一方向创建曲线。

【方向2】：从原始曲线向第二方向创建曲线。

【两方向】：从原始曲线向两个方向创建两条曲线。

【删除原始曲线】：偏移完成后移除原始曲线。

【偏移曲线的偏差】：在给定的偏差内连接偏移曲线。

3.断面

【断面】命令用于创建截面的曲线，"断面"对话框如图4-7所示。

【绘制画面上的线】：通过在绘图区绘制线条来创建截面曲线，如图4-8所示。

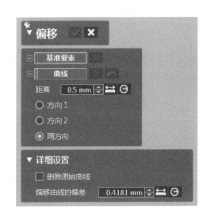

图4-6　"偏移"对话框

图4-7 "断面"对话框

(a) 断面切割线

(b) 切割结果

图4-8 绘制画面上的线

【选择平面】：从相交平面创建截面。

【平面间N等分】：根据选定的平面创建指定数量的截面。可以直接输入等间隔截面的数量，或输入截面间隔距离来创建非等间隔截面。

【沿曲线N等分】：沿曲线创建指定数量的等间隔截面。

【回转形】：创建虚拟径向截面并从中创建截面曲线。

【圆柱形】：创建圆柱截面并从中创建截面曲线。

【圆锥形】：创建圆锥截面并从中创建截面曲线。

4. 境界

【境界】命令用于从面片模型的边界上提取曲线，如图4-9所示。该命令可用于3D草图和3D面片草图模式，"境界"对话框如图4-10所示。

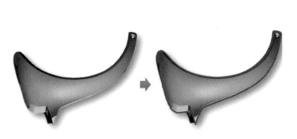

图4-9 【境界】命令

图4-10 "境界"对话框

【由境界提取曲线】：在选定的面片边界上创建3D样条曲线。

【从1个境界手动分割曲线范围】：在边界上选取起点和终点来创建部分边界曲线。

【境界】：选择面片上的边界。

5. 转换实体

【转换实体】命令用于将草图、边线和多段线等实体转换为3D曲线。"转换实体"对话框如图4-11所示。

【要素】：选择要转换的实体。实体可以是直线、二维草图上的曲线或边。在草图模式下，由多段线转换的曲线具有约束，因此，如果对多段线进行更改，转换后的曲线也会发生变化。

6. 曲面上的UV曲线

"曲面上的UV曲线"命令如图4-12所示，用于在面上沿U和V方向创建3D曲线，结果如图4-13所示，【曲面上的UV曲线】命令仅在 3D 草图模式下可用。

【参数方向】：选择U、V或U和V方向来创建曲线。

【创建可编辑曲线】：创建具有可编辑节点的曲线。

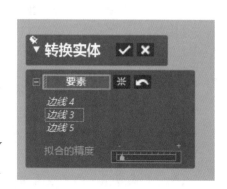

图4-11 "转换实体"对话框

【由UV曲线的相交创建节点】：在U向曲线和V向曲线的交点处创建相交节点。

图4-12　【曲面上的UV曲线】命令

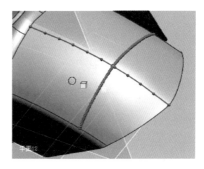

图4-13　创建3D曲线

二、放样

1.功能

【放样】命令用于由多个草图创建一个实体或曲面。草图可以由单个轮廓或多个轮廓表示，并且可以由圆、曲线、直线、圆弧、3D草图实体绘制，如图4-14所示。

图4-14　绘制结果

注意：要创建放样实体，必须闭合轮廓。使用开放轮廓创建放样曲面特征。

2.参数

在【模型】选项卡中，单击【放样】🗄图标，打开"放样"对话框，如图4-15所示。

（1）轮廓

选择将用于创建放样特征的轮廓线，如草图、3D草图或边线。如果要使用复合轮廓，可以利用Shift键选择边线或曲线，此时轮廓不能自相交。

（2）约束条件

【起始约束】：选择起始约束类型。

无：不选用相切约束或曲率为零。

方向线指定：对所选实体采用相切约束。

轮廓的法线方向：通过设置数值或拖动"模型视图"中的箭头来调整对放样的切线的影响值。

与面相切：创建相切约束。

方向矢量：根据所选实体应用相切约束。单击【方向矢量】图标，然后选择一个线性特征（例如矢量、直线、边线等），或一个平面特征（例如一个平面、区域或面）作为方向矢量。

切线长度：通过设置切线长度的数值，或拖动箭头改变切线长度来控制放样轮廓的变化，结果如图4-16所示，其方向可以翻转。

面和曲率：创建与选定面的曲率相同的约束。

图4-15　"放样"对话框

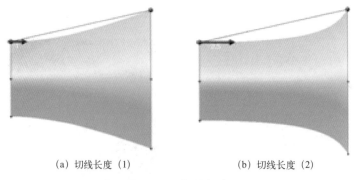

(a) 切线长度（1）　　　　　　　（b) 切线长度（2）

图4-16　切线长度

（3）向导曲线

选择向导曲线来控制扫描体的中间形状。

（4）选项

【闭合放样】：沿放样方向创建封闭的实体。

三、赋厚曲面

1. 功能

利用曲面偏移创建恒定厚度的实体，如图4-17所示。加厚方向分为"方向1"、"方向2"和"两方"三个。

图4-17　赋厚曲面

2. 参数

在【模型】选项卡中，单击【赋厚曲面】◉图标，打开"赋厚曲面"对话框，如图4-18所示。

【体】：选择曲面。

【厚度】：曲面加厚的数值。

【方向1】：默认正方向加厚。

【方向2】：默认方向的反方向加厚。

【两方】：两个方向都加厚。

图4-18　【赋厚曲面】对话框

四、线

【线】命令用于追加具有方向和无限长度的参考线。追加的方式主要包括定义、提取、检索腰形孔轴、检索圆柱轴、检索圆锥轴、投影、选择多个点、选择点和直线、变换、2平面相交、平均、相切、2直线相交、回转轴、拉伸轴、回转轴阵列、移动轴阵列。

1. 定义

使用数学定义创建直线。可输入数值或手动选取点，"添加线"对话框中定义线设置如图4-19所示。

【位置&方向】：利用位置和方向创建直线。

【位置】：在视图中，选择一个点或手动输入坐标值。

【方向】：选择一个线性元素，或手动输入数值，X、Y或Z方向将与选择方向一致。

【起点和终点】：通过定义起点和终点来创建直线。

【起始位置和终止位置】：通过连接两个位置来创建直线。

2. 提取

使用拟合算法从选定的领域中提取直线，"添加线"对话框中提取线设置如图 4-20 所示。

【删除异常】：删除异常的点数据，以获得更为准确的拟合效果。

【N*Sigma】：去除大于N倍标准差的数据。

【采样比率】：设定一个比率，属于选定值的数据才被使用。

【绝对距离】：设定一个距离值，直线拟合时，该距离以外的任何数据都被排除。

图 4-19 "添加线"对话框中定义线设置　图 4-20 "添加线"对话框中提取线设置

3. 检索腰形孔轴

使用拟合算法在所选领域上检索腰形孔轴以创建线，如图 4-21 所示。"添加线"对话框中检索腰形孔轴设置如图 4-22 所示。

图 4-21 检索腰形孔轴线　图 4-22 "添加线"对话框中检索腰形孔轴设置

【拟合类型】：检索腰形孔轴线采用的拟合类型主要包括最优匹配、最小境界、最大境界。

最优匹配：通过最小平方拟合方法创建最佳拟合值，如图 4-23 所示，其最小二乘法来自分布式数据的近似解，结果如图4-24所示。

最小境界：选择与最佳拟合平行的最小值为所选领域的最小境界，并以此境界创建线，如图4-25所示。

最大境界：选择与最佳拟合平行的最大值为所选领域的最大境界，并以此境界创建线。

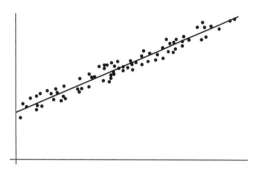

图4-23　最小二乘法

图4-24　最佳拟合　　图4-25　最小境界

4.检索圆柱轴

使用拟合算法从选定领域创建圆柱体轴，如图4-26所示。

【利用法线方向】：排除那些法线角度大于拟合参考几何体法线角度的点。在移除点之后，系统将利用精选的点拟合线。

【固定半径】：指定一个圆柱体的已知半径值。

【固定轴】：限制轴的方向。

使用指定方向作为初始参考：定义一个初始轴作为拟合参考。

使用指定方向：手动定义轴的方向。

5.检索圆锥轴

使用拟合算法从选定领域创建圆锥轴，如图4-27所示。

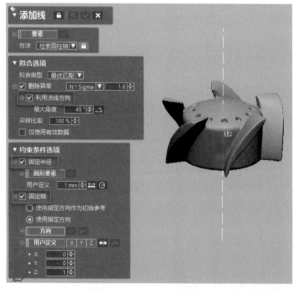

图4-26　检索圆柱轴

图4-27　检索圆锥轴线

6.投影

通过将某一线性元素投影到平面上来创建直线，如图4-28所示。

7.选择多个点

通过选择两个或两个以上点来创建直线，如图4-29所示。

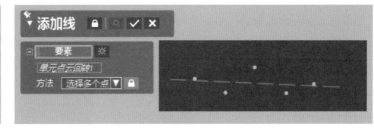

图 4-28　投影

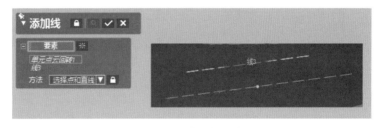

图 4-29　选择多个点

8. 选择点和直线

通过选择一个点和一个方向来创建直线，如图 4-30 所示。

9. 变换

通过选定的轴线、直线等特征创建直线。

10.2 平面相交

通过相交的平面来创建直线，如图 4-31 所示。

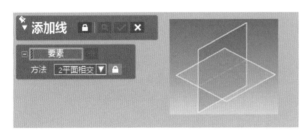

图 4-30　选择点和直线

11. 平均

通过对两个线性元素求平均值来创建直线，如图 4-32 所示。

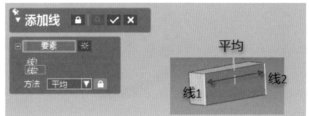

图 4-31　2 平面相交

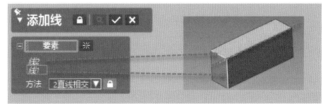

图 4-32　平均

12. 相切

创建与所选元素相切的直线，如图 4-33 所示。

13.2 直线相交

通过交叉的两个线性元素来创建过交点且垂直于两交线构成的平面的直线，如图 4-34 所示。

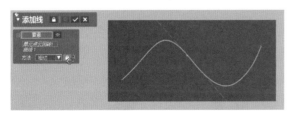

图 4-33　相切

图 4-34　2 直线相交

14. 回转轴

通过回转的领域特征提取回转轴，如图 4-35 所示。

15. 拉伸轴

通过拉伸的领域特征沿拉伸方向创建直线，如图 4-36 所示。

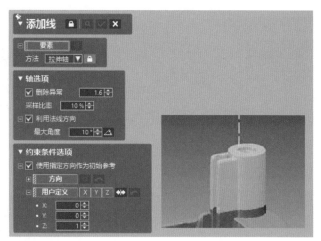

图4-35　回转轴　　　　　　　　　　图4-36　拉伸轴

16.回转轴阵列

利用回转阵列实例特征的中心轴创建直线，如图4-37所示。

17.移动轴阵列

通过阵列特征创建一条与实例阵列方向垂直的直线，如图4-38所示。

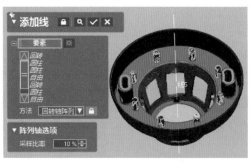
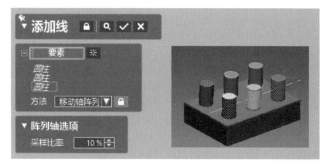

图4-37　回转轴阵列　　　　　　　　图4-38　移动轴阵列

任务实施

一、数据采集

4-1 风扇数据采集

模型：风扇壳体，如图4-39（a）、（b）所示。
扫描设备：手持三维扫描仪如图4-39（c）所示。
扫描模型：扫描模型如图4-39（d）所示。

（a）壳体正面结构　　　（b）壳体反面结构　　　（c）三维扫描仪　　　（d）扫描模型

图4-39　风扇壳体

二、建模步骤

风扇壳体的逆向建模过程主要包括划分领域组、对齐基准坐标系、绘制面片草图、建模结构主体、绘制细节特征等部分，用到的命令主要包括放样、拉伸、剪切曲面、赋厚曲面、阵列等，其建模流程如图4-40所示。

图4-40　建模流程

1. 对齐基准坐标

『步骤1』导入数据。

选择菜单栏中的【插入】→【导入】命令，打开"导入"对话框，导入"项目4扫描数据.stl"模型文件，或直接把模型拖到绘图区。

『步骤2』自动分割领域组，如图4-41所示。

① 选择菜单栏中的【领域】选项卡，进入创建领域组工具栏。

② 单击【自动分割】图标，打开"自动分割"对话框。

③ 在"自动分割"对话框中，设置【敏感度】为"30"，将【面片的粗糙度】滑块移至中间位置。

④ 单击图标。

『步骤3』创建基准平面。

① 在【模型】选项卡中，单击【平面】田图标，打开"追加平面"对话框。

② 在"追加平面"对话框中，【要素】选择模型底部平面领域，【方法】选择"提取"，如图4-42所示。

③ 选择结束后单击图标，完成创建基准平面操作。

图4-41　自动分割领域组

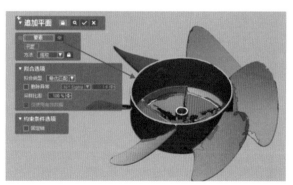

图4-42　追加平面

『步骤4』创建基准圆柱。

① 在【草图】选项卡中，单击【面片草图】图标，打开"面片草图的设置"对话框，【基准平面】选择"平面1"，【由基准面偏移的距离】选择"5mm"，结束后单击图标。

② 利用【圆】命令绘制如图4-43所示草图，绘制完成后退出草图。

③ 在【模型】选项卡中，单击【拉伸】□图标，打开"拉伸"对话框，【基准草图】选择"草图1（面片）"，【方向】设置任意长度（本例为39.103mm），单击✓图标，如图4-44所示。

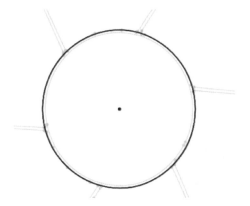

图4-43 绘制草图1

图4-44 拉伸圆柱

『步骤5』对齐基准坐标。

① 在【对齐】选项卡中，单击【手动对齐】□□图标，打开"手动对齐"初始对话框，选择【下一阶段】➡图标，进入"手动对齐"对话框。

② 在【手动对齐】对话框中，【移动】选择【3-2-1】，【平面】选择"边线1"，【线】选择圆柱面，如图4-45所示。

③ 选择结束后单击✓图标，完成对齐基准坐标操作。

④ 删除【树】中"领域组"以下的全部操作。

2.主体建模

4-3 风扇主体建模

① 在【模型】选项卡中，单击【线】✕图标，打开"线属性"对话框，【要素】选择圆柱领域，【方法】选择"检索圆柱轴"，结束后单击✓图标，如图4-46所示。

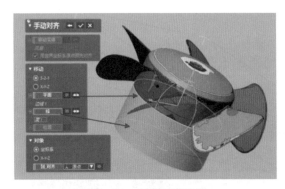

图4-45 对齐基准坐标

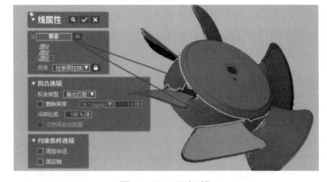

图4-46 添加线

② 在【草图】选项卡中，单击【面片草图】✔图标，打开"面片草图的设置"对话框，选择【回转投影】，【中心轴】选择"线1"，【基准平面】选择"右"，调节位置与投影范围，提取圆柱轮廓，结束后单击✓图标，绘制如图4-47所示草图，完成后退出草图。

③ 在【模型】选项卡中，单击【回转】♨图标，打开"回转"对话框，【基准草图】选择"草图1（面片）"，【轴】选择"线1"，结束后单击✓图标，如图4-48所示。

④ 在【模型】选项卡中，单击【放样向导】□图标，打开"放样向导"对话框，【领域/单元面】选择如图4-49所示领域，【路径】选择【平面】，设置【断面数】为"15"，【轮廓类型】勾选【3D草图】单选项，结束后单击✓图标，结果如图4-50所示。

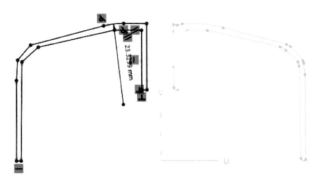

图4-47　绘制草图1

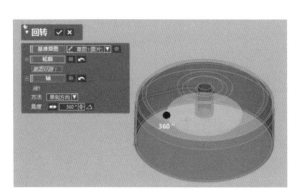

图4-48　回转实体

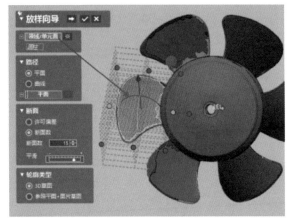

图4-49　放样向导

图4-50　放样向导的结果

⑤ 在【草图】选项卡中，单击【面片草图】✅图标，打开"面片草图的设置"对话框，【基准平面】选择底部平面，【轮廓投影范围】调节至覆盖整个模型，结束后单击✅图标，找到与现有扇叶曲面相同的扇叶，绘制如图4-51所示草图，完成后退出草图。

⑥ 在【模型】选项卡中，单击【拉伸】🔲图标，打开"拉伸"对话框，【基准草图】选择"草图2（面片）"，【方法】选择"距离"，向上拉伸至超过模型，结束后单击✅图标，结果如图4-52所示。

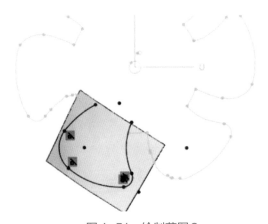

图4-51　绘制草图2

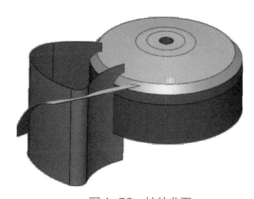

图4-52　拉伸曲面

⑦ 在【模型】选项卡中，单击【剪切曲面】🔷图标，打开"剪切曲面"对话框，【工具要素】选择"拉伸1"，【对象体】选择"放样1"，选择【下一阶段】➡图标，【残留体】选择中间扇叶，如图4-53所示，结束后单击✅图标。

⑧ 在【模型】选项卡中，单击【赋厚曲面】图标，打开"赋厚曲面"对话框，【体】选择扇叶曲面，【厚度】设置为"1mm"，【方向】选择【方向2】，如图4-54所示，结束后单击图标。

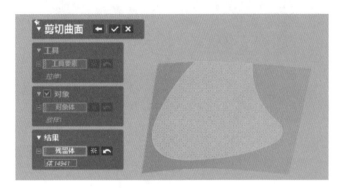

图4-53　剪切曲面

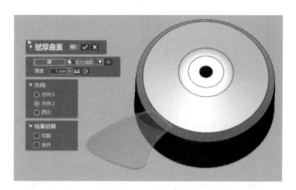

图4-54　赋厚曲面

⑨ 在【模型】选项卡中，单击【曲面偏移】图标，打开"曲面偏移"对话框，【面】选择圆柱轮廓，【偏移距离】设置为"0mm"，如图4-55所示，结束后单击图标。

⑩ 在【模型】选项卡中，单击【切割】图标，打开"切割"对话框，【工具要素】选择"曲面偏移1"，【对象体】选择"赋厚曲面1"，选择【残留体】为扇叶，结束后单击图标，如图4-56所示。

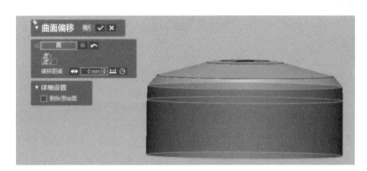

图4-55　曲面偏移

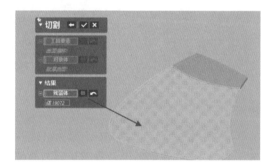

图4-56　切割实体

⑪ 在【模型】选项卡中，单击【圆形阵列】图标，打开"圆形阵列"对话框，【体】选择"切割1"，【回转轴】选择"线1"，【要素数】设置为"6"，结束后单击图标，如图4-57所示。

⑫ 在【模型】选项卡中，单击【布尔运算】图标，打开"布尔运算"对话框，【操作方法】选择【合并】，【工具要素】选择所有实体，如图4-58所示，结束后单击图标。

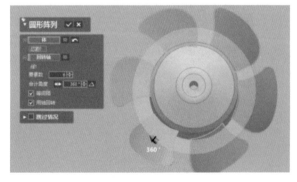

图4-57　圆形阵列

图4-58　布尔运算

3.细节建模

① 在【模型】选项卡中，单击【平面】图标，打开"平面属性"对话框，【要素】选择内部加强筋

顶部领域，【方法】选择"提取"，提取加强筋顶部平面领域，如图4-59所示，选择结束后单击✅图标。

  ② 在【草图】选项卡中，单击【面片草图】✅图标，打开"面片草图的设置"对话框，【基准平面】选择"平面1"，【由基准面偏移的距离】设置为向下偏移3mm，结束后单击✅图标，利用【直线】等命令绘制如图4-60所示草图，完成后退出草图。

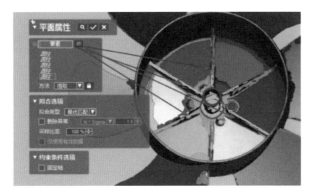

4-4 风扇细节
建模

图4-59 新建平面1   图4-60 绘制草图3

  ③ 在【模型】选项卡中，单击【拉伸】🔲图标，打开"拉伸"对话框，【基准草图】选择"草图3（面片）"，【方法】选择"到体"，选择风扇实体，勾选【合并】复选框，结束后单击✅图标，如图4-61所示，最终模型如图4-62所示，体偏差如图4-63所示。

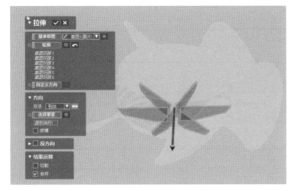

图4-61 拉伸实体   图4-62 最终模型   图4-63 体偏差

4. 文件保存与输出

  绘制完成的文件可直接保存为软件的默认格式"*.xrl"。若保存为其他格式，则可单击【菜单】中的【文件】→【输出】命令，打开"输出"对话框，设置【要素】为建模实体模型，单击✅图标，在打开的"输出"对话框中，选择要保存的文件类型，如选择"stp"格式，保存文件为"项目4风扇（建模数据）.stp"。

项目4
风扇
（建模数据）

 任务评价

基本信息	姓名		班级		学号		组别	
	评价方式			□教师评价　□学生互评　□学生自评				
	规定时间		完成时间		考核日期		总评成绩	

考核内容	序号	步骤	完成情况		分值	得分
			完成	未完成		
	1	课前预习，在线学习基础知识			10	
	2	3D 草图的绘制			5	
	3	放样的方法、步骤和参数设置			5	
	4	赋厚曲面命令的应用			5	
	5	构造线的种类、方法			5	
	6	建模步骤分析			5	
	7	风扇的主体结构建模			20	
	8	风扇的细节部分建模			15	
	9	计划严密、发现问题、解决问题的责任担当意识			10	
	10	团结合作、沟通表达、尊重友善			5	
任务反思	1. 在完成任务中遇到了哪些问题？ 2. 你是如何解决上述问题的？ 3. 在本任务中你学到了哪些知识？ （每个问题 5 分，表达清晰可加 1～3 分）				15	
教师评语						

任务二　风扇3D打印

 ## 学习任务单

任务名称	风扇 3D 打印
任务描述	基于 LCD 3D 打印技术，完成风扇模型的切片 [图（a）] 和 3D 打印 [图（b）] （a）模型切片　　　　（b）3D打印
任务分析	了解数字投影（DLP）技术的工作原理，针对风扇模型特点完成切片，并操作打印机完成模型的打印
成果展示与评价	每组完成一个模型的打印，小组间互评后由教师综合评定成绩

基础知识

数字投影（DLP）技术介绍如下。

1. 工作原理

数字投影（digital light processing，DLP）技术也称面曝光快速成型技术。基于面曝光快速成型技术的 3D 打印系统，其基本原理如图 4-64 所示。

运用切片软件得到需要固化的分层数据图形，采用紫外光源，使图形在树脂液面上成像，一次曝光固化一个层面的实体；固化过程中，采取各种工艺措施控制层面实体的变形，逐层累加形成整个实体。相对于采用逐点扫描方式的传统快速成型技术，DLP 技术实现了单个层面的一次曝光固化成型，将成型时间缩短了 50% ～ 70%，极大地提高了成型效率，同时避免了使用需实现精确扫描定位的 X-Y 运动控制系统，使设备结构和工艺过程都得以简化，不仅降低了硬件成本，而且成型件具有高精度、高稳定性的特点。

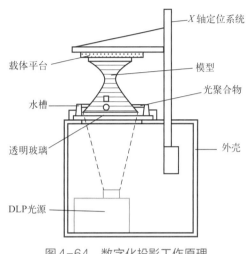

图 4-64　数字化投影工作原理

2. 工作过程

首先用 CAD 系统构建 3D 模型，STL 文件中的 3D 模型在软件中被像素点化，每一个体像素数据都转化为位图数据，用于形成位图图像。位图图像主要包含黑白两色，白色表示材料，黑色表示空隙；还有灰色，表示体像素的部分固化。当 DLP 将图像投射在树脂上时，被照亮的白色部分会固化树脂，黑色则不会；灰色的内部和外部轮廓会被部分固化，因此消除了分层效应或台阶效应。

与其他增材制造系统从下往上的打印方式不同，DLP 技术是自上而下打印模型，如图 4-65 所示。首先，托盘或载体浸入装有丙烯酸盐光聚合树脂的浅液槽中，将液槽置于透明接触窗口上。掩模从装置底部往上投射将树脂固化。树脂固化后，平台升高一个体像素的高度，体像素的厚度取决于材料。平台上升的同时，它将模型与透明接触窗口剥离，使新树脂流入其中，再进行下一次曝光，以此类推。整个周期可缩短至 15s，而不需要对每组固化的体像素找平或校平。打印完毕，用户仅需将模型从平台上剥离，因为整个打印过程中模型都是粘在载体平台上的。

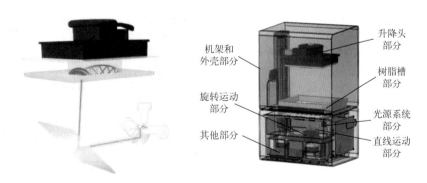

图 4-65　DLP 技术的打印模型

3. 主要优点

① 高速。利用掩模图像直接照在树脂上，在 100μm 像素下，打印部件打印速度可高达每小时 15mm（高度）。这个速度与打印部件的大小和几何形状无关，是增材制造系统中最快的速度之一。

② 可用于办公室。有些设备占地面积不足 0.3m²。固化光聚合物并没有用到紫外光，因此无需特殊设备。它具有噪声低、无粉尘的特点。

③ 打印过程中树脂用量少。很浅的树脂槽意味着单次材料使用量很少，如果要用不同种类的树脂，很容易切换，并且可将浪费量减至最小。

④ 无需刮刀。平台随着模型一起上升，省去了找平或校平步骤，消除了制造过程中打印部件出现问题的可能。

⑤ 部件收缩更少。由于控制整个截面层迅速固化，制造过程中部件收缩更小，打印精度更高。

4.主要缺点

① 对打印部件的体积有限制。部件从液槽底部开始打印制造，粘在平台上，这限制了打印部件的体积。

② 部件需要剥离。因为模型是建立在一个垂直上移的平台上，需要将完成的模型从平台上剥离。为了不损坏模型，剥离过程需要格外小心谨慎。

③ 需要后期处理。模型打印完成后，需要进行清理和后期处理，还包括后期固化处理。

5.数字投影技术的应用

① 概念设计模型用于设计检验、可视化、市场营销及商业化展示。

② 工件模型用于组装、进行简单的功能测试及试验。

③ 母模和子模用于简单的铸模、熔模铸造。

④ 产品小批量生产。

⑤ 医学及牙科上的应用。

⑥ 珠宝行业中的应用。使用设计模型直接浇注成型。

 任务实施

一、风扇模型切片

利用HALOT BOX软件完成风扇模型的切片。

『步骤1』导入数据。

单击模型显示区左上角的"打开"图标载入风扇模型，或将"项目4打印数据"直接拖入模型显示区，如图4-66所示。

项目4
打印数据

4-5 风扇切片

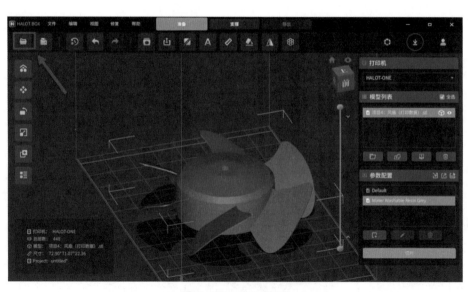

图4-66 导入数据

『步骤2』模型调整。

预览区左侧有【模型库】【移动】【旋转】【缩放】【克隆】【自动布局】6 个图标，利用这些图标可以对模型进行简单调整。单击【缩放】图标，打开相应对话框，输入缩放比例，选择【锁定比例】方式，如图 4-67 所示。

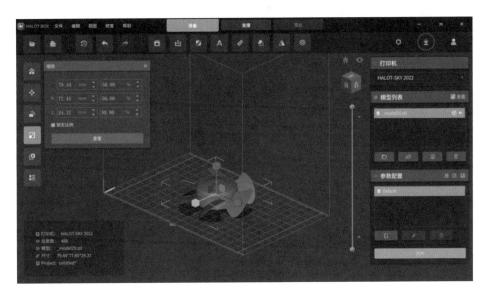

图 4-67　调整模型

『步骤3』摆放模型。

由于 DLP 成型工艺的独特性，需将模型成一定角度摆放。利用【旋转】命令将模型围绕 X、Y 轴进行任意旋转，如图 4-68 所示。

『步骤4』生成支撑。

单击软件上方【支撑】图标进入支撑设置界面，设置【距离平台高度】为"6mm"、【支撑密度】为"50%"、【角度】为"45°"，单击【自动支撑】组下【所有】，生成全部支撑，结果如图 4-69 所示，最后单击【切片】图标。

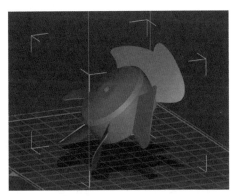

图 4-68　旋转模型

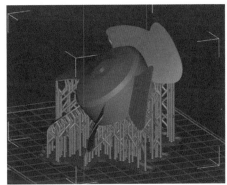

图 4-69　生成支撑

『步骤5』设置打印参数与导出文件。

单击【切片】图标后自动进入"导出"界面，此时需设置与打印的相关参数，【初始曝光】设置为"60s"，【打印曝光】设置为"3s"，【打印上升高度】设置为"8mm"，【电机速度】设置为"5mm/s"，【灭灯延时】设置为"4s"，【底层曝光层数】设置为"3"，可通过调节模型窗口右侧的滑块观察打印的效果，最后单击【保存】按钮，导出打印文件并存入 U 盘。如图 4-70 所示。

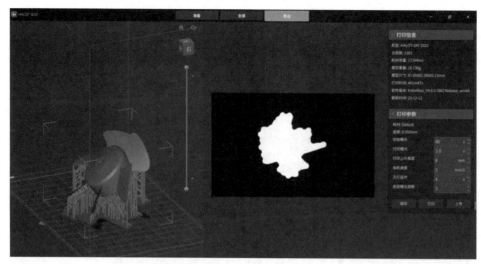

图4-70　设置打印参数

二、风扇模型3D打印

『步骤1』打开开关，设备开机，如图4-71所示。将已经储存了打印文件的U盘插入打印机，如图4-72所示。

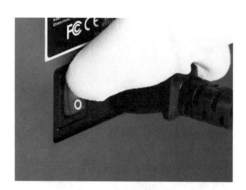

图4-71　设备开机

图4-72　插入U盘

『步骤2』选择打印文件，开始打印。

单击控制屏幕中的【文件】按钮，选择打印文件，单击下方【开始】按钮，开始打印，如图4-73、图4-74所示。

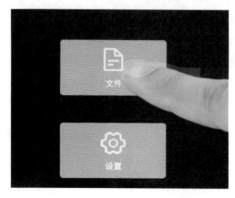

图4-73　选择打印文件

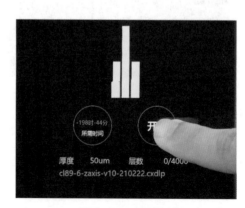

图4-74　开始打印

三、打印风扇模型后处理

『步骤1』取下打印的风扇模型。待打印完成、设备停止工作后，利用金属铲将模型从打印平台上取下。

『步骤2』去除支撑。利用尖嘴钳将支撑等多余材料从模型上去除。

『步骤3』清洗模型。将打印的风扇模型浸泡到酒精或含有清洁剂的水里，利用毛刷将表面残留的树脂清洗掉，结果如图4-75所示。

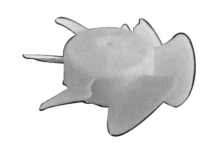

图4-75　打印模型

任务评价

基本信息	姓名		班级		学号		组别	
	评价方式			□教师评价　□学生互评　□学生自评				
	规定时间		完成时间		考核日期		总评成绩	

考核内容	序号	步骤	完成情况 完成	未完成	分值	得分
	1	课前预习，在线学习基础知识			10	
	2	DLP 3D 打印技术的工作原理			5	
	3	DLP 3D 打印技术的优缺点			5	
	4	HALOT BOX 软件的操作			10	
	5	风扇模型切片			15	
	6	风扇模型的 3D 打印			20	
	7	规范操作、生产安全意识			10	
	8	沟通表达、尊重友善			10	
任务反思	1. 在完成任务中遇到了哪些问题？ 2. 你是如何解决上述问题的？ 3. 在本任务中你学到了哪些知识？ （每个问题 5 分，表达清晰可加 1～3 分）				15	
教师评语						

项目小结

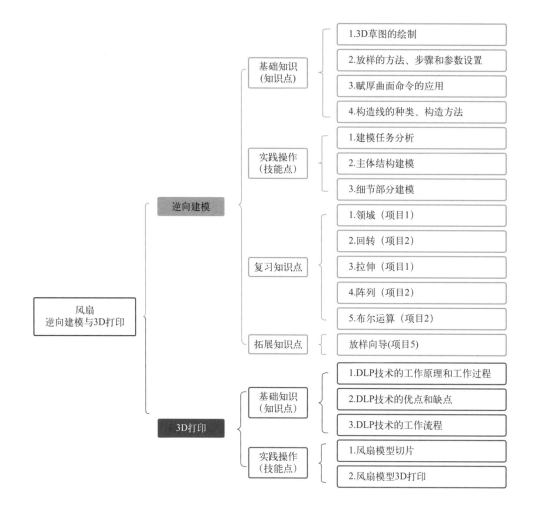

拓展练习

一、简答题

1.什么是 DLP 技术？

2.简述 DLP 技术的优缺点。

3.简述 DLP 的工作流程。

二、操作题

1.完成题图 4-1 叶轮模型的逆向设计和 3D 打印（逆向设计精度 ±0.2mm）。

题图 4-1
（扫描数据）

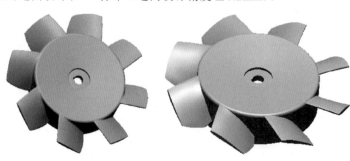

（a）三维扫描数据　　　　（b）逆向建模模型

题图 4-1　叶轮

2. 完成题图4-2鼓风机叶轮模型的逆向设计和3D打印（逆向设计精度±0.2mm）。

（a）三维扫描数据　　　　　　　　（b）逆向建模模型

题图4-2　鼓风机叶轮

题图 4-2
（扫描数据）

项目五
花洒逆向建模与3D打印

本项目通过花洒逆向建模学习3D面片草图的绘制，熟悉3D面片草图创建过程中的各种命令的应用；学习放样向导命令的特点和各种参数的含义；学习传统境界拟合和面填补等命令的应用；学习切片软件中参数的设置；熟练掌握LCD工艺的工作原理和相关故障处理方法。

◉ **知识目标**

1. 熟悉参考点的创建。
2. 掌握3D面片草图的创建和编辑。
3. 掌握放样向导命令的应用。
4. 熟悉传统境界拟合命令的应用。
5. 熟悉面填补命令的应用。
6. 掌握LCD工艺的工作原理。
7. 掌握LCD技术的故障和处理。

◉ **技能目标**

1. 能完成花洒的逆向建模。
2. 能完成花洒模型的3D打印。

◉ **素质目标**

1. 爱岗敬业、社会责任感。
2. 安全意识、环保意识。
3. 团结合作、沟通表达、服务意识。

任务一　花洒逆向建模

 学习任务单

任务名称	花洒逆向建模
任务描述	根据丢失设计数据的花洒实物 [图（a）]，利用三维扫描仪获得三维扫描数据 [图（b）]，利用 Geomagic Design X 软件重获原始设计数据 [图（c）] （a) 花洒　　　　　　　　（b) 三维扫描数据　　　　　　　（c) 逆向设计模型
任务分析	花洒外轮廓属于典型的曲面类零件，其逆向建模过程分为划分领域组、对齐坐标系、3D 面片草图、放样、境界拟合、剪切曲面、圆锥曲面、球曲面等。首先绘制花洒主体结构，其次绘制细节部分，最后对绘制完成的模型进行精度检测
成果展示与评价	各组每个成员均要完成花洒的逆向建模，小组间利用软件中的精度分析命令开展互评，最后由教师综合评定成绩

 基础知识

一、（参考）点

1.功能

参考点是用于标记模型或空间中特定位置的假设点。添加方式主要包括定义、提取、检索圆的中心、检索腰形孔中心、检索矩形中心、检索多边形中心、检索球中心、投影、选择多个点、变换、N 等分、中间点、2 线相交、相交线 & 面、3 平面相交、导入。

2.方法

在【模型】选项卡中的【参考几何模型】组中，单击【点】⊡图标，打开"添加点"对话框，如图 5-1 所示。

【定义】：通过输入数字或拾取模型视图中的点来创建。

【提取】：用拟合算法从选定领域中提取点，如图 5-2 所示。

【检索圆的中心】：从选定的圆形领域中提取圆心点，如图 5-3 所示。

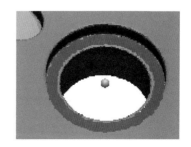

图 5-1　"添加点"对话框　　　　　图 5-2　提取　　　　　图 5-3　检索圆的中心

【检索腰形孔中心】：从选定的腰形孔领域中提取中心点，如图5-4所示。

【检索矩形中心】：从选定的矩形领域中提取中心点，如图5-5所示。

【检索多边形中心】：从选定的多边形领域中提取中心点，如图5-6所示。

【检索球中心】：从选定的球形领域中提取中心点，如图5-7所示。

图5-4　检索腰形孔中心　　图5-5　检索矩形中心　　图5-6　检索多边形中心　　图5-7　检索球中心

【投影】：用选定点投影到目标实体上的方法来提取点，如图5-8所示。

【选择多个点】：通过选择一个或多个点来创建这些点的平均点，如图5-9所示。

【变换】：在选定的圆形或圆弧上创建中心点，如图5-10所示。

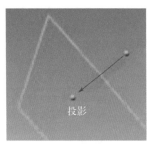  

图5-8　投影　　　　　　　图5-9　选择多个点　　　　　　图5-10　变换

【N等分】：通过等分选定的曲线、矢量或面片数据来创建多个点。

【中间点】：使用比率值在两点之间创建一个点，如图5-11所示。

  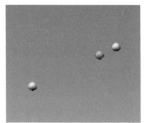

(a) 比率0.2　　　　　　　(b) 比率0.5　　　　　　　(c) 比率0.8

图5-11　中间点

【2线相交】：通过两个线性要素的交点创建点，如图5-12所示。

【相交线&面】：在曲线与面的相交处创建点，如图5-13所示。

【3平面相交】：在三个选定平面的相交处创建点，如图5-14所示。

图5-12　2线相交　　　　　图5-13　相交线&面　　　　　图5-14　3平面相交

【导入】：通过导入 ASCII 文件创建点。

二、3D 面片草图

在空间面片区域内，利用【样条曲线】等命令绘制截面轮廓线，创建 3D 面片草图。3D 草图选项卡如图 5-15 所示。通过该选项的命令可以绘制所需的 3D 面片草图。

图 5-15　3D 草图选项卡

1.绘制特征线

【绘制特征线】命令用于从面片数据中自动提取特征线，如图 5-16 所示。该命令仅用于"3D 面片草图"模式下。"绘制特征线"对话框如图 5-17 所示。

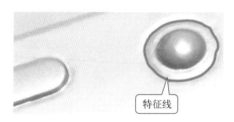

图 5-16　绘制特征线

图 5-17　"绘制特征线"对话框

【基准单元点】：在面片上拾取要素点。

【检索深度】：调整要素线的深度，使用滑块或选择 1～5 之间的值；深度越大，检索到的要素线越多，但深度越大包含的噪声线也越多。

【平滑】：指定要素线的平滑度。可指定最小值和最大值之间的值。平滑度较高时，生成的曲线将更平滑，但可能会失去精度。

2.剪切

【剪切】命令仅用于剪切 3D 面片草图中的曲线，如图 5-18 所示。

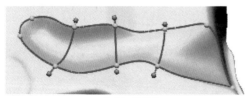

(a) 未剪切的曲线

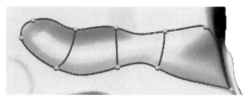

(b) 剪切后的曲线

图 5-18　【剪切】命令

3.延长

【延长】命令用于延伸 3D 曲线，如图 5-19 所示。

4.平滑

【平滑】命令用于平滑曲线，如图 5-20 所示。

5.分割

【分割】命令用于分割曲线，如图 5-21 所示。

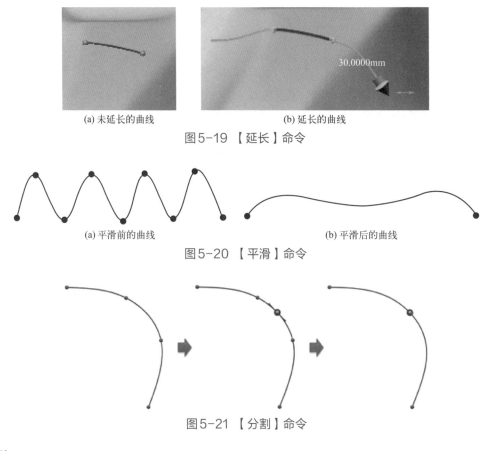

(a) 未延长的曲线　　　　　　　　　　　(b) 延长的曲线

图5-19 【延长】命令

(a) 平滑前的曲线　　　　　　　　　　　(b) 平滑后的曲线

图5-20 【平滑】命令

图5-21 【分割】命令

6.合并

【合并】命令用于合并多个曲线以形成一条新的曲线，如图5-22所示。

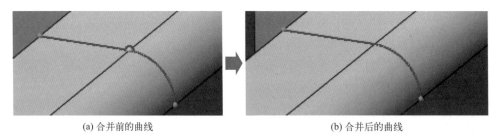

(a) 合并前的曲线　　　　　　　　　　　(b) 合并后的曲线

图5-22 【合并】命令

7.提取轮廓曲线

【提取轮廓曲线】命令用于从面片的高曲率区域检测并提取3D轮廓线，提取到的精确的轮廓线可以作为面填补或传统境界拟合的曲线，如图5-23所示。

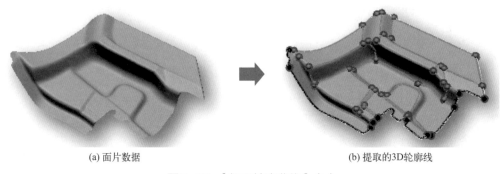

(a) 面片数据　　　　　　　　　　　(b) 提取的3D轮廓线

图5-23 【提取轮廓曲线】命令

在【3D 草图】选项卡的"创建 / 编辑曲面片网络"组中，单击【提取轮廓曲线】▯命令，打开"提取轮廓曲线"对话框，如图 5-24 所示。

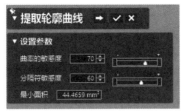 

(a) 第一阶段对话框　　　　　　　　　(b) 第二阶段对话框

图 5-24　"提取轮廓曲线"对话框

第一阶段：设置参数如图 5-24（a）所示。

本阶段用于设置【曲率的敏感度】和【分隔符敏感度】选项的参数。通过设置敏感度可以对面片数据提取的高曲率部分和低曲率部分进行检测。

【曲率的敏感度】：数值可以选择 0 ~ 100，通常为 60 ~ 95，默认值为 70，数值越大，检测到的轮廓线数量越多，如图 5-25 所示。

(a) 曲率的敏感度：50　　　　　　　　　(b) 曲率的敏感度：90

图 5-25　曲率的敏感度

【分隔符敏感度】：数值可以选择 0 ~ 100，通常为 60 ~ 95，默认为 60，用于确定区域分隔符的相对宽度，数值越大，捕获的圆角越多，能创建更宽的预览分隔符，如图 5-26 所示。

【最小面积】：指定检测区域和区域分隔符后，面片上存在的相对平坦的区域的最小面积。当减小这些区域的大小时，会生成额外的区域和区域分隔符。

第二阶段：预览和编辑。

此阶段提供预览功能，通过添加或删除区域分隔符来编辑预览的轮廓线。

【长度最小值】：限制在编辑过程中自动构建的轮廓曲线的长度。小于此长度的等高线将不会变化。

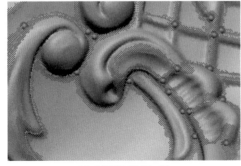 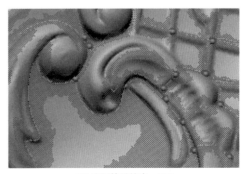

(a) 分隔符灵敏度：30　　　　　　　　　(b) 分隔符灵敏度：100

图 5-26　分隔符灵敏度

三、放样向导

1. 功能

【放样向导】命令是从面片中提取放样特征的方法之一。该命令会根据所选区域智能地计算多个剖面轮廓，并创建放样实体，如图 5-27 所示。

图 5-27　放样向导

2. 参数

在【模型】选项卡中，单击【放样向导】图标，打开"放样向导"对话框，如图 5-28 所示。

（1）领域 / 单元面

选择面片上的领域或单元面。

（2）路径

【平面】：为【放样向导】命令选择平面，放样截面垂直于选定平面。

【曲线】：选择混合放样的曲线，放样截面垂直于选定曲线。

（3）断面

【许可偏差】：利用允许的偏差与最大断面数的限制的偏差来计算区段面数目。

【断面数】：用截面总数计算放样曲面。

【平滑】：确定放样表面的平滑度。将滑块移向"＋"将创建更平滑的表面，但会降低精度。

（4）轮廓类型

【3D 草图】：为断面创建 3D 样条曲线，并在特征树中生成 3D 草图。

【参照平面＋面片草图】：以"线和弧"为特征来分析轮廓实体，创建 2D 曲线，并将生成的截面在特征树中生成一系列平面和面片草图。

图 5-28　"放样向导"对话框

（5）第二阶段

在第二阶段，可以在【样条点数】选项中指定值来修改每个截面上的样条点数。如果在第一阶段中通过指定截面的数量来创建截面，还可以调整截面平面的位置以获得更准确的放样曲面。

四、传统境界拟合

1. 功能

【传统境界拟合】命令是基于曲面的拟合算法在边界内创建 NURBS 曲面。边界由 3D 面片草图中的 3D 网格曲线构成，如图 5-29 所示。

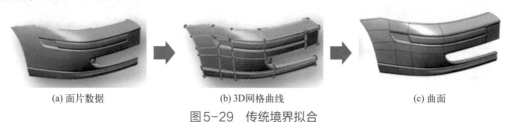

(a) 面片数据　　　　　　　　(b) 3D 网格曲线　　　　　　　　(c) 曲面

图 5-29　传统境界拟合

2.参数

单击【菜单】→【Add-Ins】→【传统境界拟合】命令，打开"传统境界拟合"对话框，如图5-30所示。

第一阶段：选择面片曲线和曲线环，如图5-30（a）所示。

【面片曲线】：选择领域和网格曲线。

【曲线环】：选择曲线环，如图5-31所示。

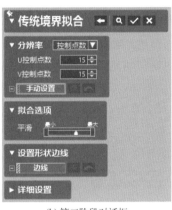

(a) 第一阶段对话框　　(b) 第二阶段对话框

图5-30　"传统境界拟合"对话框

图5-31　曲线环

【环计算里使用面片的法线方向】：确定环路的填充边界，用于计算该环路内面片的法向方向，如图5-32所示。

【允许穴（境界）】：填充包含有修剪曲面的孔的环路，如图5-33所示。

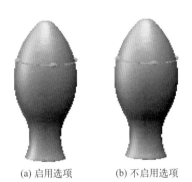

(a) 启用选项　　(b) 不启用选项

图5-32　环计算里使用面片的法线方向

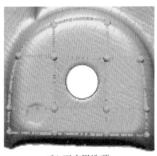

(a) 启用选项　　(b) 不启用选项

图5-33　允许穴（境界）

【许可凸面率】：指定环线内面片数据特征需满足的凸面率，如图5-34所示。

第二阶段：控制表面质量，如图5-30（b）所示。

【分辨率】：用于确定拟合曲面的整体精度和平滑度。

【许可偏差】：通过面片和曲面之间的偏差设置分辨率。当偏差是曲面的最重要标准时，使用此选项。

(a) 许可凸面率：10　　(b) 许可凸面率：2

图5-34　许可凸面率

【允许偏差】：指定面片和实体表面之间的允许偏差。

【允许偏差的异常值百分比】：设置从面片中删除的异常值的百分比。

【最大控制点数量】：创建指定的最大数量的控制点。它与第三阶段等值线相关。

【控制点数】：指定 U 和 V 方向上控制拟合曲面分辨率的控制点的数量。当指定大量控制点时，偏差将最小化，但会丢失平滑度。

· U 控制点数：指定曲面上 U 方向上的控制点数量。

· V 控制点数：指定曲面上 V 方向上的控制点数量。

· 手动设置：在曲线网络上手动更改控制点。

【平滑】：确定拟合曲面的平滑度。将滑块移向"最大"时，创建的曲面更平滑，但精度会降低。

【设置形状边线】：删除选定曲线的相邻曲面间的切线约束以创建锐边，如图5-35所示。

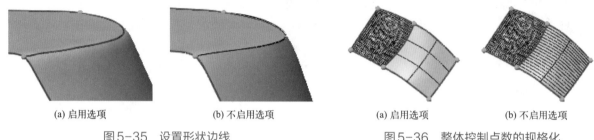

(a) 启用选项　　　　　(b) 不启用选项　　　　　(a) 启用选项　　　　　(b) 不启用选项

图5-35　设置形状边线　　　　　图5-36　整体控制点数的规格化

【整体控制点数的规格化】：将已有的控制点扩大到相邻曲面，用于形成一致的曲面控制方式，该选项仅在选择"允许偏差"状态下使用，如图5-36所示。

【面片再采样】：创建等值的等参线，最适用于简单曲面。

五、面填补

1.功能

【面填补】命令是在由边、草图或曲线定义的边界内创建曲面片，如图5-37所示。

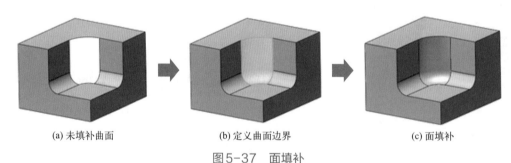

(a) 未填补曲面　　　　　(b) 定义曲面边界　　　　　(c) 面填补

图5-37　面填补

2.参数

在【模型】选项卡的【拟合组】中，单击【面填补】 图标，打开"面填补"对话框，如图5-38所示。

【设置连续性约束条件】：定义相邻面之间的切线或曲率约束。如果此选项不可用，将使用G0位置约束缝合，如图5-39所示。

相切G1：与相邻面的边G1切线约束连接，如图5-40所示。

曲率G2：与相邻面的边G2曲率约束连接，如图5-41所示。

【创建单个面片】：用面填补方式创建一个曲面，如图5-42所示。

图5-38　"面填补"对话框

图 5-39　无连续性

图 5-40　相切 G1

图 5-41　曲率 G2

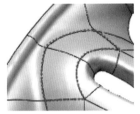

(a) 启用选项

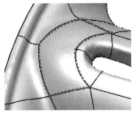

(b) 不启用选项

图 5-42　创建单个面片

 任务实施

一、数据采集

模型：花洒实物如图 5-43（a）所示。

扫描设备：手持三维扫描仪如图 5-43（b）所示。

扫描模型：扫描的面片模型如图 5-43（c）所示。

二、建模步骤

花洒的逆向建模过程主要包括划分领域组、对齐坐标系、建模曲面主体、绘制细节特征等部分。建模流程如图 5-44 所示。

(a) 花洒实物　　(b) 三维扫描仪

(c) 扫描的面片模型

图 5-43　花洒模型

5-1 花洒数据采集

🖈 3D草图1	
🔹 点1	
🔹 点2	
🔹 点3	
🔹 点4	
🔹 点5	
🔹 点6	
🔹 点7	
🔹 点8	
🔹 点9	
🔹 点10	
🔹 点11	
🔹 点12	
🔹 点13	
🔹 点14	
🔹 点15	
🔹 点16	

点17　　延长曲面1
点18　　剪切曲面2
3D草图2　　面填补1
放样1　　领域组1
3D草图3(面片)　　线1
境界拟合1　　平面3
平面1　　草图1
剪切曲面1　　圆锥曲面1
镜像1　　延长曲面2
放样2　　线2
放样3　　平面4
放样4　　草图2
放样5　　球曲面1
缝合1　　剪切曲面3
缝合2　　放样7
放样6　　缝合3
平面2

图 5-44　建模流程

1.对齐基准坐标

『步骤1』创建基准平面。

① 选择菜单栏中的【插入】→【导入】命令，打开"导入"对话框，导入"项目5扫描数据.stl"数据文件，或直接把模型拖到绘图区。

② 在【模型】选项卡中，单击【平面】⊞图标，打开"追加平面"对话框。

③ 在"追加平面"对话框中，【方法】选择【绘制直线】，在近似镜像平面处绘制直线，如图5-45所示。

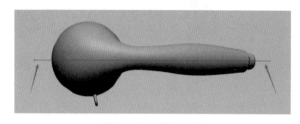

图5-45　绘制直线

④ 选择结束后单击✅图标，完成绘制直线操作。

⑤ 在【模型】选项卡中，单击【平面】⊞图标，打开"追加平面"对话框。【方法】选择【镜像】，【要素】选择"平面1"与点云数据，如图5-46所示，结束后单击✅图标，完成镜像操作。

『步骤2』创建基准直线。

在【草图】选项卡中，单击【草图】✐图标，打开"设置草图"对话框，【基准平面】选择"平面2"，利用【直线】命令绘制草图，绘制完成后退出草图，如图5-47所示。

图5-46　镜像追加平面

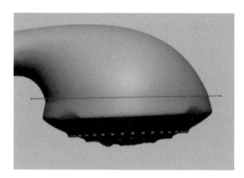

图5-47　绘制草图

『步骤3』对齐基准坐标。

① 在【对齐】选项卡中，单击【手动对齐】🔡图标，打开"手动对齐"初始对话框，选择【下一阶段】➡图标进入【手动对齐】对话框。

② 在"手动对齐"对话框中，【移动】选择【3-2-1】；【面】选择"平面2"，【线】选择"草图1"中的直线。

③ 选择结束后单击✅图标，完成手动对齐操作。

④ 删除【树】中【领域组】以下的全部操作，最后对齐结果如图5-48所示。

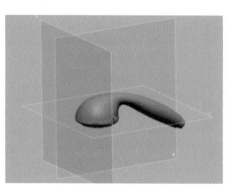

图5-48　对齐结果

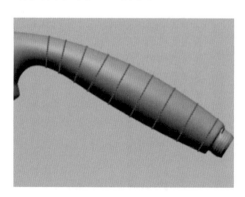

图5-49　绘制3D草图

2. 主体建模

『步骤1』手柄建模。

① 在【3D草图】选项卡中，单击【3D草图】✕图标，单击【断面】命令，打开"断面"初始对话框，【对象要素】选择点云数据，选择【下一阶段】➡图标，选择【绘制画面上的线】单选项，绘制如图5-49所示草图，结束后单击✓图标，退出草图。

② 在【模型】选项卡中，单击【点】✦图标，打开"添加点"对话框，【方法】选择【相交线&面】，【要素】选择边线与镜像平面，结束后单击✓图标，如图5-50所示。利用相同的方法建立镜像平面与所有3D草图的交点。

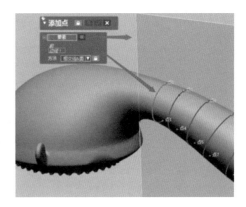

图5-50 建立交点

③ 在【3D草图】选项卡中，单击【3D草图】✕图标，单击【样条曲线】命令，打开"样条曲线"对话框，将相同一侧的点进行连接，如图5-51所示，结束后单击✓图标。

④ 在【模型】选项卡中，单击【放样】🛢图标，打开"放样"对话框，【轮廓】依次选择3D草图1中的曲线，【向导曲线】选择3D草图2中的两条曲线，如图5-52所示，结束后单击✓图标。

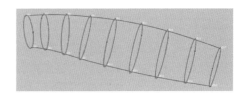

图5-51 连接交点

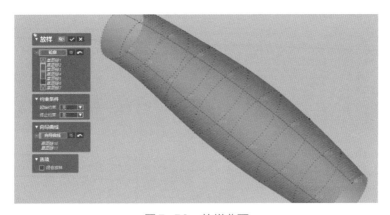

图5-52 放样曲面

『步骤2』喷头建模。

① 在【3D草图】选项卡中，单击【3D面片草图】✕图标，利用【断面】【样条曲线】等命令绘制如图5-53所示草图，结束后退出草图。

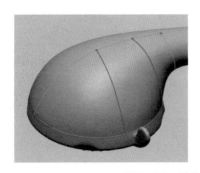

图5-53 绘制3D面片草图

② 单击【菜单】→【Add-Ins】→【传统境界拟合】命令，打开"传统境界拟合"对话框，【面片曲线】选择"3D草图3"，选择【下一阶段】➡图标，"【U控制点数】和【V控制点数】均设置为"15"，

将【平滑】滑块拖拽到中间位置，结束后单击✅图标，建立如图 5-54 所示曲面。

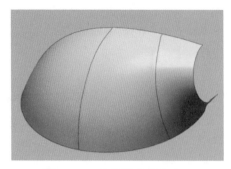

图5-54 传统境界拟合曲面

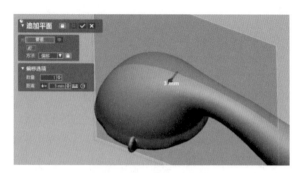

图5-55 建立平面1

③ 在【模型】选项卡中，单击【平面】⊞图标，打开"追加平面"对话框。【方法】选择【偏移】，【数量】为"1"，【距离】为"3mm"，建立"平面1"，如图 5-55 所示，结束后单击✅图标。

④ 在【模型】选项卡中，单击【剪切曲面】≈图标，打开"剪切曲面"对话框，【工具要素】选择"平面1"，【对象体】选择"境界拟合1"与"放样1"，选择【下一阶段】➡图标，【残留体】选择如图 5-56 所示区域，结束后单击✅图标。

⑤ 在【模型】选项卡中，单击【镜像】⚠图标，打开"镜像"对话框，【体】选择"剪切曲面1-1"与"剪切曲面1-2"，【对称平面】选择要镜像的平面，结束后单击✅图标，结果如图 5-57 所示。

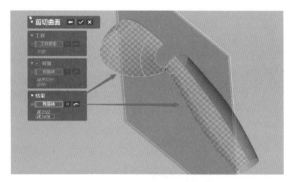

图5-56 剪切曲面

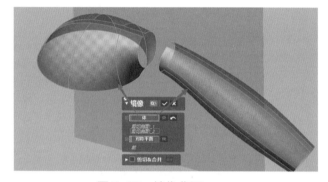

图5-57 镜像曲面

⑥ 在【模型】选项卡中，单击【放样】💿图标，打开"放样"对话框，【轮廓】选择如图 5-58 所示边线，【起始约束】与【终止约束】选择【与面相切】，结束后单击✅图标。利用相同方法将其余两处进行放样处理，如图 5-59 所示。

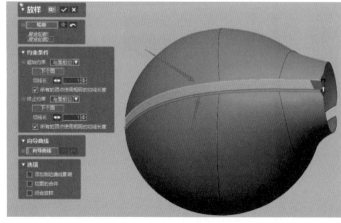

图5-58 放样曲面

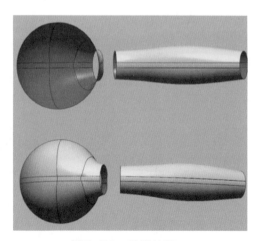

图5-59 放样结果

⑦ 在【模型】选项卡中，单击【缝合】◈图标，打开"缝合"对话框，将喷头与手柄处分别进行缝合，结束后单击✅图标。

⑧ 在【模型】选项卡中，单击"放样"🝙图标，打开"放样"对话框，将喷头与手柄进行放样连接，【起始约束】与【终止约束】均选择【与面相切】，结束后单击✅图标，如图5-60所示。

『步骤3』细节部分建模。

① 在【模型】选项卡中，单击【平面】⊞图标，打开"追加平面"对话框。【方法】选择【选择多个点】，建立平面2，如图5-61所示，结束后单击✅图标。

② 在【模型】选项卡中，单击【延长曲面】◈图标，打开"延长曲面"对话框，将手柄尾部延长超过原始数据，如图5-62所示，结束后单击✅图标。

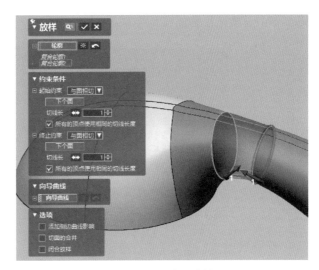

图5-60　放样连接

图5-61　建立平面2

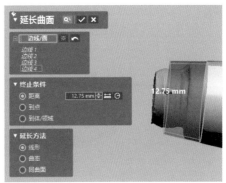

图5-62　延长曲面

③ 在【模型】选项卡中，单击【剪切曲面】◈图标，打开"剪切曲面"对话框，【工具要素】选择"平面2"，【对象体】选择手柄，选择【下一阶段】➡图标，【残留体】设置如图5-63所示，结束后单击✅图标。

④ 在【模型】选项卡中，单击【面填补】◈图标，打开"面填补"对话框，【边线】选择手柄尾部边线，如图5-64所示，结束后单击✅图标

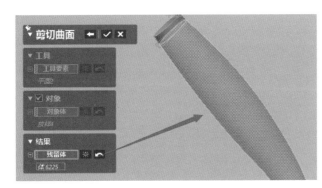

图5-63　剪切曲面

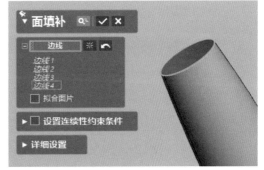

图5-64　面填补

⑤ 选择菜单栏中的【领域】选项卡，进入创建领域组工具栏，绘制如图5-65、图5-66所示两部分领

域，单击【插入】图标，将其插入领域组。

图5-65　建立领域（底部）

图5-66　建立领域（侧面）

⑥ 在【模型】选项卡中，单击【基础曲面】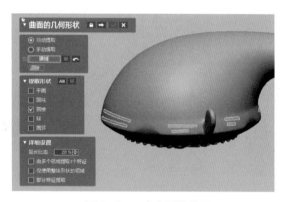图标，打开"曲面的几何形状"对话框，选择"自动提取"，【领域】选择侧面圆锥领域，勾选"圆锥"复选框，选择【下一阶段】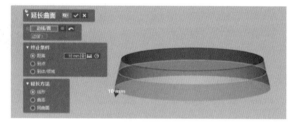图标，结束后单击✅图标，如图5-67所示。

⑦ 在【模型】选项卡中，单击【延长曲面】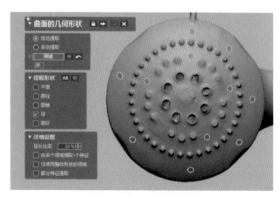图标，打开"延长曲面"对话框，将圆锥曲面延长超过原始数据，如图5-68所示，结束后单击✅图标。

图5-67　建立圆锥曲面

图5-68　延长曲面

⑧ 在【模型】选项卡中，单击【基础曲面】图标，打开"曲面的几何形状"对话框，选择【自动提取】，【领域】选择底部球形领域，勾选【球】复选框，选择【下一阶段】图标，结束后单击✅图标，如图5-69所示。

⑨ 在【模型】选项卡中，单击【剪切曲面】图标，打开"剪切曲面"对话框，【工具要素】选择"圆锥曲面1"，【对象体】选择"球曲面1"，选择【下一阶段】图标，【残留体】选择与花洒贴合的曲面，结束后单击✅图标，如图5-70所示。

图5-69　建立球形曲面

图5-70　剪切曲面

⑩ 在【模型】选项卡中，单击【放样】 🝙 图标，打开"放样"对话框，将喷头与球曲面进行放样连接，【起始约束】与【终止约束】均选择【无】，结束后单击 ✅ 图标，如图5-71所示。

⑪ 在【模型】选项卡中，单击【缝合】 ◈ 图标，打开"缝合"对话框，将所有模型曲面缝合，结束后单击 ✅ 图标，如图5-72所示。

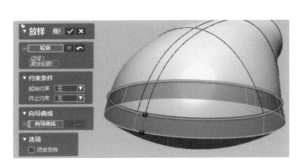

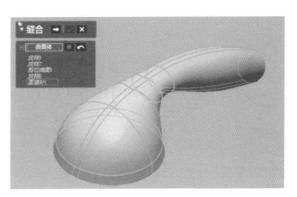

图5-71　放样　　　　　　　　　　　　　　图5-72　缝合曲面

⑫ 单击【体偏差】 ▣ 图标，上下偏差设置为0.3mm，查看模型精度，如图5-73所示。完成建模，最终模型如图5-74所示。

图5-73　体偏差　　　　　　　　　　　　　图5-74　最终模型

3. 文件保存与输出

文件可以直接保存为软件的默认格式"*.xrl"，也可以输出为"*.stp"格式，可单击【菜单】中的【文件】→【输出】命令，打开"输出"对话框，设置【要素】为建模实体模型，单击 ✅ 图标，在打开的"输出"对话框中，选择要保存的文件类型，如选择"stp"格式，保存文件为"项目5花洒（建模数据）.stp"。

项目 5
花洒（建模
数据）

 任务评价

基本信息	姓名		班级		学号		组别	
	评价方式			□教师评价　□学生互评　□学生自评				
	规定时间		完成时间		考核日期		总评成绩	
考核内容	序号	步骤		完成情况		分值	得分	
				完成	未完成			
	1	课前预习，在线学习基础知识				10		
	2	参考点的创建				5		
	3	3D 面片草图的创建和编辑				5		
	4	放样向导命令的应用				5		
	5	传统境界拟合命令的应用				5		
	6	面填补命令的应用				5		

考核内容	序号	步骤	完成情况		分值	得分
			完成	未完成		
考核内容	7	建模步骤分析			5	
	8	花洒的主体结构建模			20	
	9	花洒的细节部分建模			15	
	10	爱岗敬业、社会责任感			5	
	11	团结合作、沟通表达			5	
任务反思	1. 在完成任务中遇到了哪些问题？ 2. 你是如何解决上述问题的？ 3. 在本任务中你学到了哪些知识？ （每个问题5分，表达清晰可加1～3分）				15	
教师评语						

任务二　花洒3D打印

学习任务单

任务名称	花洒 3D 打印
任务描述	基于 LCD 3D 打印机，完成花洒模型的切片 [图（a）]、3D 打印 [图（b）] (a) 模型切片　　　　(b) 3D打印
任务分析	了解 LCD 3D 打印机的常见故障和处理方法，需要针对模型特点完成切片，并操作 LCD 3D 打印机完成模型的打印
成果展示与评价	每组完成一个模型的打印，小组互评后由教师综合评定成绩

基础知识

一、选择性区域光固化（LCD）技术

在3D打印技术中，选择性区域光固化（LCD）技术是新兴技术，它以DLP为基础开发，精度媲美

DLP，是使用紫外光照射固化树脂的成型方式。

1. 工作原理

LCD 3D 打印机工作原理：利用液晶屏 LCD 成像原理，在计算机及显示屏电路的驱动下，由计算机程序提供图像信号，在液晶屏幕上出现选择性的透明区域，紫外光透过透明区域照射树脂槽内的光敏树脂耗材进行曝光固化，每一层固化时间结束，平台托板将固化部分提起，让树脂液体补充回流，平台再次下降，模型与离型膜之间的薄层再次被紫外光照射，由此逐层固化，上升打印成立体模型。

2. 优势

① LCD 3D 打印机精度可达 0.025mm，精度媲美 DLP 3D 打印机，甚至可以达到部分 SLA 设备的打印精度。

② LCD 以紫外光成型，每次成型一个层面的体积，在大面积打印的情况下，速度远远超越 FDM 3D 打印。

③ LCD 3D 打印机打印出来的树状支撑极易拆除，表面支撑点可轻松通过砂纸打磨去除。

④ LCD 3D 打印机价格是 DLP 3D 打印机的 1/10，维护简单，成本低。

3. 劣势

① LCD 3D 打印机是利用树脂耗材进行成型打印。打印后，模型表面会附有树脂耗材残留，需要进行模型后处理，需要用 90% 浓度的乙醇进行清洗、冲刷，也有的利用添加了清洁剂的水进行后处理。

② LCD 3D 打印机的平台较小，不能一体成型打印大体积的模型。

③ 树脂会挥发出不同类型难闻的气味，含有微量毒性物质，需要在特定环境中使用。

二、LCD 3D 打印机常见故障及处理

问题 1：模型破洞严重。

解决办法：检查料槽与打印屏幕之间有无杂物或灰尘。避免模型切片缩放过小。

问题 2：模型未粘住平台。

解决办法：检查料槽杂物是否清理干净，或光敏树脂是否耗光。

问题 3：料槽离型膜有破洞。

解决办法：停止倒入光敏树脂，并且停止打印，若有光敏树脂流出，及时清理干净料槽。禁止用锋利的物品去接触离型膜。离型膜属于易耗品，应及时更换离型膜。

问题 4：模型掉下，吸不起来。

解决办法：打印底部接触面积小时，模型增加底板。打印重量大的模型时，要添加顶部接触面积大的支撑。

问题 5：添加的支撑未打出来。

解决办法：把支撑修改为适合的大小，顶部和底部的接触面积相应加大。

 **任务实施**

一、花洒模型切片

『步骤 1』导入数据。

单击模型显示区左上角的【打开】图标载入花洒模型数据，或将"项目 5 打印数据"直接拖入模型显示区，如图 5-75 所示。

『步骤 2』调整模型。

预览区左侧有【模型库】【移动】【旋转】【缩放】【克隆】【自动布局】6 个图标，利

项目 5
打印数据

5-4 花洒切片

用这些图标可以对模型进行简单调整。单击【缩放】图标，打开相应对话框，输入缩放比例，选择【锁定比例】方式，如图5-76所示。

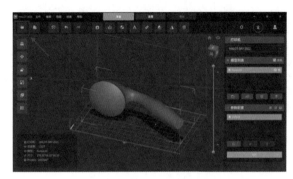

图5-75　导入数据

图5-76　调整模型

『步骤3』摆放模型。

由于LCD成型工艺的独特性，需将模型成一定角度摆放。利用【旋转】工具将模型围绕X、Y轴进行任意旋转，如图5-77所示。

『步骤4』生成支撑。

单击软件上方【支撑】图标进入支撑设置界面，【距离平台高度】设置为"6mm"，【支撑密度】设置为"50%"，【角度】设置为"45°"，单击【自动支撑】组下【所有】图标，生成全部支撑，如图5-78所示，最后单击【切片】图标。

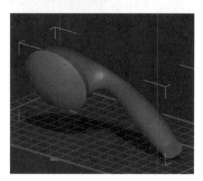

图5-77　旋转模型

『步骤5』设置打印参数与导出文件。

单击【切片】图标后自动进入"导出"界面，此时需设置与打印的相关参数，【初始曝光】设置为"60s"，【打印曝光】设置为"3s"，【打印上升高度】设置为"8mm"，【电机速度】设置为"5mm/s"，【灭灯延时】设置为"4s"，【底层曝光层数】设置为"3"，可通过调节模型窗口右侧的滑块观察打印的效果，最后单击【保存】图标，导出打印文件并存入U盘，如图5-79所示。

图5-78　生成支撑

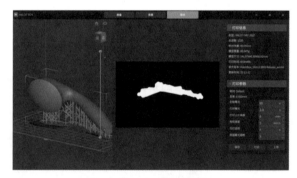

图5-79　打印参数设置

二、花洒模型3D打印

『步骤1』打开开关，设备开机，如图5-80所示。将已经储存了打印文件的U盘插入打印机，如图5-81所示。

『步骤2』选择打印文件，开始打印。

单击控制屏幕中的【文件】按钮，选择打印文件，单击下方【开始】按钮，开始打印，如图5-82、图5-83所示。

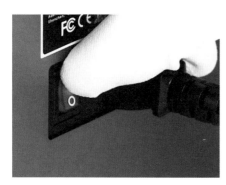

图 5-80　设备开机　　　　图 5-81　插入 U 盘

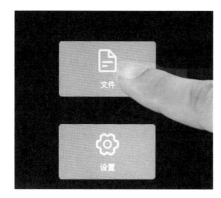

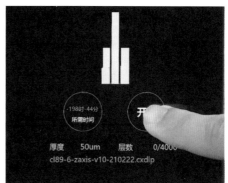

图 5-82　选择打印文件　　　图 5-83　开始打印

三、打印花洒模型后处理

『步骤1』取下打印的花洒模型。待打印完成、设备停止工作后，利用金属铲将模型从打印平台上取下。

『步骤2』去除支撑。利用尖嘴钳将支撑等多余材料从模型上去除。

『步骤3』清洗模型。将打印的花洒模型浸泡到酒精或含有清洁剂水里，利用毛刷将表面残留的树脂清洗掉，结果如图5-84所示。

图 5-84　打印模型

 任务评价

基本信息	姓名		班级		学号		组别	
	评价方式			□教师评价　□学生互评　□学生自评				
	规定时间		完成时间		考核日期		总评成绩	
考核内容	序号	步骤		完成情况		分值	得分	
				完成	未完成			
	1	课前预习，在线学习基础知识				15		
	2	LCD 3D 打印技术的故障处理				15		

考核内容	序号	步骤	完成情况		分值	得分
			完成	未完成		
	3	花洒模型切片			15	
	4	花洒模型的 3D 打印			25	
	5	沟通表达、服务意识			5	
	6	安全意识、环保意识			5	
	7	爱岗敬业、社会责任感			5	
任务反思		1. 在完成任务中遇到了哪些问题？ 2. 你是如何解决上述问题的？ 3. 在本任务中你学到了哪些知识？ （每个问题 5 分，表达清晰可加 1～3 分）			15	
教师评语						

项目小结

拓/展/练/习

一、简答题

1. 简述LCD工艺的工作原理。

2. 简述LCD 3D打印机的常见故障及处理方法。

二、操作题

1. 完成题图5-1耳机模型的逆向设计和3D打印（逆向设计精度±0.2mm）。

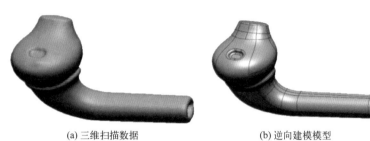

(a) 三维扫描数据　　　　　　　(b) 逆向建模模型

题图5-1　耳机

题图 5-1
（扫描数据）

2. 完成题图5-2花洒模型的逆向设计和3D打印（逆向设计精度±0.2mm）。

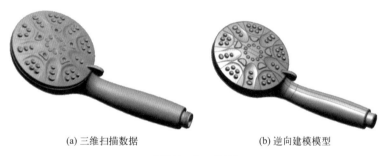

(a) 三维扫描数据　　　　　　　(b) 逆向建模模型

题图5-2　花洒

题图 5-2
（扫描数据）

项目六
压力吸尘器逆向建模与3D打印

本项目通过压力吸尘器逆向建模学习移动面、替换面、转换体等命令；学习Materialise Magics软件的主要功能模块、切片操作，并能正确生成G代码（Code）；学习SLA工艺的工作原理和工作流程。

◉ 知识目标

1. 熟悉移动面命令的应用。
2. 掌握替换面命令的应用。
3. 熟悉转换体命令的应用。
4. 掌握SLA工艺的工作原理。
5. 熟悉SLA工艺的优缺点。

◉ 技能目标

1. 能完成压力吸尘器的逆向建模。
2. 能完成压力吸尘器模型的3D打印。

◉ 素质目标

1. 分析问题、解决问题、创新精神。
2. 对产品负责、注重细节、工匠精神。
3. 团结合作、沟通表达、领导能力。

任务一　压力吸尘器逆向建模

 学习任务单

任务名称	压力吸尘器逆向建模
任务描述	根据丢失设计数据的压力吸尘器实物 [图(a)]，利用三维扫描仪获得三维扫描数据 [图(b)]，利用 Geomagic Design X 软件重获原始设计数据 [图（c）] (a) 压力吸尘器实物　　　(b) 三维扫描数据　　　(c) 逆向设计模型
任务分析	压力吸尘器的逆向建模过程分为划分领域组、对齐坐标系、放样、移动面、切割、拉伸、球面、曲面偏移等。首先绘制压力吸尘器的主体结构，然后对绘制完成的模型进行精度检测
成果展示与评价	各组每个成员均要完成压力吸尘器模型的逆向建模，小组间利用软件中的精度分析命令开展互评，最后由教师综合评定成绩

基础知识

一、移动面

1.功能

【移动面】命令是通过移动曲面或实体的面创建新的曲面，如图6-1所示。

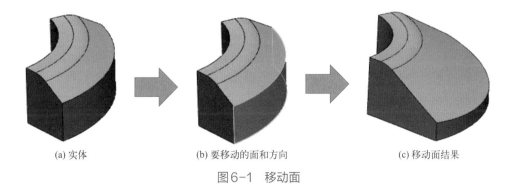

(a) 实体　　　　　　(b) 要移动的面和方向　　　　　　(c) 移动面结果

图6-1　移动面

2.参数

在【模型】选项卡中【体/面】组中，单击【移动面】🔳图标，打开"移动面"对话框，如图6-2所示。

【移动】：通过确定要移动的面和方向来移动面，如图6-3所示。

【回转】：回转选择的面，如图6-4所示。

【面】：选择要移动的实体或曲面上的面。

【方向】：通过选择线性特征或具有法线的特征确定移动方向。

【轴】：通过选择线性特征或具有法线的实体或曲面特征定义旋转轴。

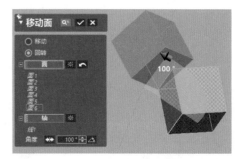

图6-2　"移动面"对话框　　　图6-3　要移动的面和方向　　　图6-4　【回转】选项

二、替换面

1.功能

【替换面】命令是删除选定的面，延伸相邻面并替换为目标面，如图6-5所示。

2.参数

在【模型】选项卡【体/面】组中，单击【替换面】⬚图标，打开"替换面"对话框，如图6-6所示。

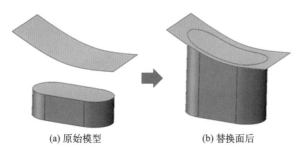

(a) 原始模型　　　　　　(b) 替换面后

图6-5　替换面

图6-6　"替换面"对话框

【对象面】：要替换的面。

【工具要素】：选择曲面或领域用于替换目标面。

注意：当选定的工具要素未全部覆盖对象面时，系统自动将工具要素沿切线方向延伸并替换对象面，如图6-7所示。

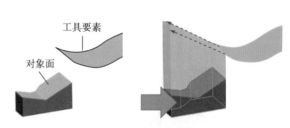

图6-7　工具要素

三、转换体

1.功能

【转换体】命令可以移动、旋转或缩放实体或曲面体，也可以使用基准将实体与另一实体或面片对齐，如图6-8所示。

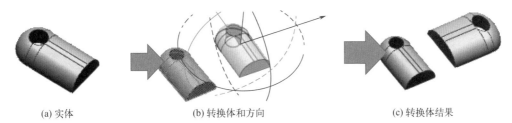

(a) 实体 　　　　　　　(b) 转换体和方向 　　　　　　　(c) 转换体结果

图6-8　转换体

2. 参数

在【模型】选项卡【体/面】组中，单击【转换体】⊞图标，打开"转换体"对话框，如图6-9所示。

【体】：选择实体。

【复制】：复制选定的实体。

【方法】

回转和移动：在 X、Y 和 Z 方向或指定的轴上对实体应用回转和平移。

比例：沿实体中心、坐标系或自定义位置按比例缩放实体。

矩阵：将值直接输入转换矩阵中实现转换，可以在导入的矩阵文件上进行矩阵的乘法、逆乘法和转置等基本运算。

基准对齐：对目标体进行基准对齐。

对齐到扫描数据：将实体与扫描数据对齐。

·使用自动猜测：通过自动识别扫描数据的几何特征，将实体与扫描数据对齐，如图6-10所示。

·用选中的配对点：通过手动拾取对应的特征上的点，将实体与扫描数据对齐，如图6-11所示。

图6-9　"转换体"对话框

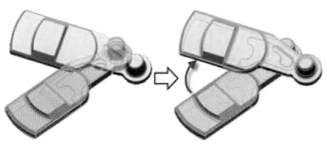

图6-10　"使用自动猜测"选项

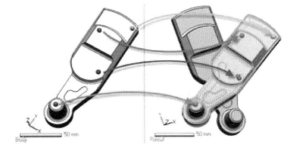

图6-11　"用选中的配对点"选项

✪ 任务实施

一、数据采集

模型：压力吸尘器实物如图6-12（a）所示。

扫描设备：手持三维扫描仪如图6-12（b）所示。

扫描模型：扫描数据如图6-12（c）所示。

6-1 压力吸尘器数据采集

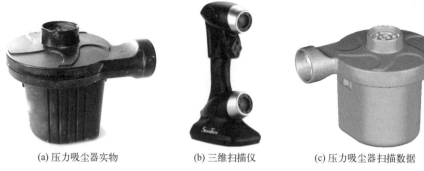

(a) 压力吸尘器实物   (b) 三维扫描仪   (c) 压力吸尘器扫描数据

图6-12   压力吸尘器模型

二、建模步骤

压力吸尘器的逆向建模过程主要包括划分领域组、结构主体建模、细节特征建模等几个部分，建模流程如图6-13所示。

图6-13   建模流程

1.对齐基准坐标

『步骤1』导入数据。

选择菜单栏中的【插入】→【导入】命令，打开"导入"对话框，导入"项目6扫描数据.stl"数据文件，或直接把模型拖到绘图区。

『步骤2』自动分割领域组，如图6-14所示。

① 选择菜单栏中的【领域】选项卡，进入创建领域组工具栏。

② 单击【自动分割】图标，打开"自动分割"对话框。

③ 在"自动分割"对话框中，设置【敏感度】为"30"，【面片的粗糙度】的滑块移至中间位置。

④ 单击图标确认。

『步骤3』创建基准平面。

① 在【模型】选项卡中，单击【平面】田图标，打开"追加平面"对话框。

图6-14   自动分割领域组

② 在"追加平面"对话框中,【要素】选择模型底部平面领域,【方法】选择【提取】,如图 6-15 所示。

③ 选择结束后单击✅图标,完成创建基准平面操作。

『步骤4』创建基准圆柱。

① 在【草图】选项卡中,单击【面片草图】✅图标,打开"面片草图的设置"对话框,【基准平面】选择"前",设置【由基准面偏移的距离】为"7mm",结束后单击✅图标,如图 6-16 所示。

图 6-15　创建基准平面

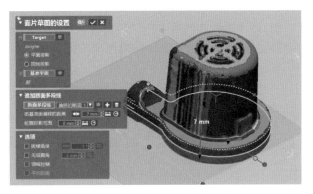

图 6-16　建立面片草图 1

② 利用【圆】工具绘制图 6-17 所示草图,绘制完后退出草图。

③ 在【模型】选项卡中,单击【拉伸】◫图标,打开"拉伸"对话框,【基准草图】选择"草图 1(面片)",设置【方向】长度为"50mm",单击✅图标。

『步骤5』对齐基准坐标。

① 在【对齐】选项卡中,单击【手动对齐】🔡图标,打开"手动对齐"初始对话框,选择【下一阶段】➡图标,进入"手动对齐"对话框。

② 在"手动对齐"对话框中,【移动】选择【3-2-1】,【面】选择"平面 1",【线】选择"拉伸 1"。

③ 选择结束后单击✅图标,完成对齐基准坐标操作。

④ 删除【树】中【领域组】以下的全部操作,对齐结果如图 6-18 所示。

图 6-17　绘制圆形

6-3 压力吸尘器主体建模

2.主体建模

『步骤1』电机壳建模。

① 在【模型】选项卡中,单击【平面】⊞图标,打开"追加平面"对话框,【要素】选择"前",【方法】选择【偏移】,设置【数量】为"2"、【距离】为"-21mm",结束后单击✅图标,如图 6-19 所示。

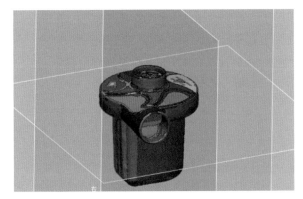

图 6-18　对齐结果

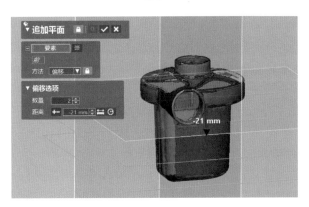

图 6-19　偏移平面

②在【草图】选项卡中，单击【面片草图】☑图标，打开"面片草图的设置"对话框，【基准平面】选择"平面1"，设置【由基准面偏移的距离】为"0mm"，结束后单击☑图标，利用【直线】【相交剪切】【圆角】等命令绘制面片草图，绘制完成后退出草图，如图6-20所示。

③在【草图】选项卡中，单击【面片草图】☑图标，打开"面片草图的设置"对话框，【基准平面】选择"平面2"，设置【由基准面偏移的距离】为"0mm"，结束后单击☑图标，利用【直线】【相交剪切】【圆角】等命令绘制面片草图，绘制完成后退出草图，如图6-21所示

④在【模型】选项卡中，单击【放样】🗑图标，打开"放样"对话框，【轮廓】选择"草图环路1"与"草图环路2"，结束后单击☑图标，如图6-22所示。

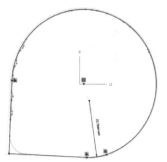

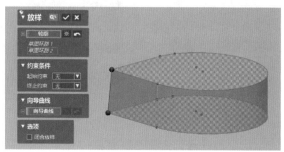

图6-20　绘制草图1　　　　图6-21　绘制草图2　　　　图6-22　放样实体

⑤在【模型】选项卡中，单击【移动面】▦图标，打开"移动面"对话框，选择【移动】，【面】选择"面1"，【方向】选择"面1"，设置【距离】为"30mm"，结束后单击☑图标，如图6-23所示。用同样的方法完成实体的另一端的操作，如图6-24所示。

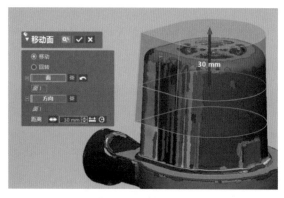

图6-23　移动面　　　　　　　　　图6-24　移动面（实体的另一端）

⑥在【模型】选项卡中，单击【切割】🗑图标，打开"切割"对话框，【工具要素】选择上端领域，如图6-25所示；【对象体】选择"放样1"；选择【下一阶段】➡图标，【残留体】的选择如图6-26所示，结束后单击☑图标。

⑦在【模型】选项卡中，单击【圆角】🗑图标，打开"圆角"对话框，选择侧面边线，设置【半径】为"7.5mm"，结束后单击☑图标，如图6-27所示。

⑧在【模型】选项卡中，单击【圆角】🗑图标，打开"圆角"对话框，选择上端边线，设置【半径】为"6mm"，结束后单击☑图标，如图6-28所示。

⑨在【草图】选项卡中，单击【面片草图】☑图标，打开"面片草图的设置"对话框，【基准平面】选择"平面1"，设置【由基准面偏移的距离】为"0mm"，结束后单击☑图标，利用【圆】等命令绘制面片草图，绘制完成后退出草图，如图6-29所示。

图6-25　切割体

图6-26　选择残留体

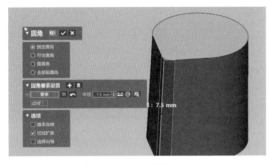

图6-27　倒圆角

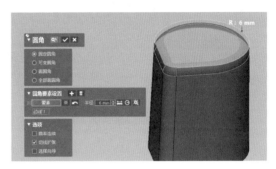

图6-28　"圆角"对话框

⑩在【草图】选项卡中，单击【面片草图】 图标，打开"面片草图的设置"对话框，【基准平面】选择"上"，设置【由基准面偏移的距离】为"0mm"，结束后单击 图标，利用【直线】【垂直约束】等命令绘制面片草图，绘制完成后退出草图，如图6-30所示。

⑪ 在【模型】选项卡中，单击【拉伸】 图标，打开"拉伸"对话框，【基准草图】选择"草图4（面片）"，【方向】中【长度】设为"50mm"，单击 图标。

⑫ 在【模型】选项卡中，单击【拉伸】 图标，打开"拉伸"对话框，【基准草图】选择"草图3（面片）"，【自定义方向】选择"面1"，设置【方向】的【长度】为"50mm"，勾选【反方向】复选框，设置【方向】的【长度】为"50mm"，勾选【切割】复选框，结束后单击 图标，如图6-31所示。

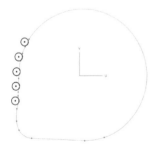

图6-29　绘制草图3

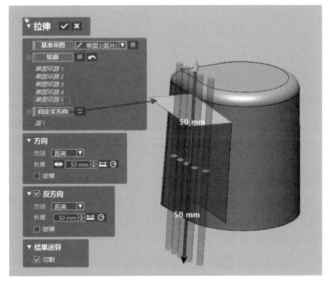

图6-30　绘制草图4

图6-31　拉伸切割

6-4 压力吸
尘器箱体建模

『步骤2』风扇箱体建模。

① 在【领域】选项卡中，单击【插入】 图标，建立新领域，如图6-32所示。

② 在【模型】选项卡中，单击【基础曲面】 图标，打开"曲面的几何形状"对话框。选择【自动提取】，【领域】选择"球"，【提取形状】勾选【球】复选框，选择【下一阶段】 图标，单击 图标，如图6-33所示。

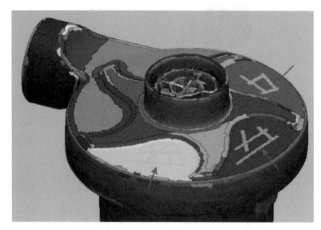

图6-32　建立领域

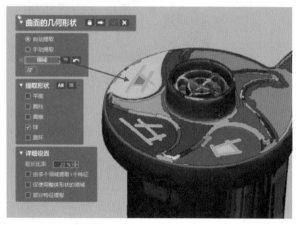

图6-33　自动创建球体

③ 在【草图】选项卡中，单击【面片草图】 图标，打开"面片草图的设置"对话框，【基准平面】选择"前"，设置【由基准面偏移的距离】为"6mm"，结束后单击 图标，利用【圆】等命令绘制面片草图，绘制完成后退出草图，如图6-34所示。

④ 在【模型】选项卡中，单击【拉伸】 图标，打开"拉伸"对话框，【基准草图】选择"草图5（面片）"，【方法】选择【到曲面】，【选择要素】选择"面1"，勾选"反方向"复选框，设置【方向】的【长度】为"20mm"，结束后单击 图标，如图6-35所示。

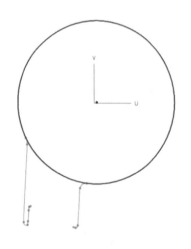

图6-34　绘制草图5

图6-35　拉伸实体

⑤ 在【草图】选项卡中，单击【面片草图】 图标，打开"面片草图的设置"对话框，【基准平面】选择"前"，设置【由基准面偏移的距离】为"0mm"，结束后单击 图标，利用【直线】等命令绘制面片草图，绘制完成后退出草图，如图6-36所示。

⑥ 在【模型】选项卡中，单击【平面】 图标，打开"追加平面"对话框，【方法】选择【定义】，单击线段端点，结束后单击 图标，如图6-37所示。

图6-36　绘制草图7

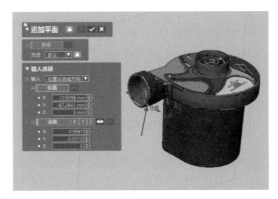

图6-37　新增平面

⑦ 在【模型】选项卡中，单击【拉伸】图标，打开"拉伸"对话框，【基准草图】选择"草图7（面片）"，设置【方向】的【长度】为"30mm"，单击图标，如图6-38所示。

⑧ 在【草图】选项卡中，单击【面片草图】图标，打开"面片草图的设置"对话框，【基准平面】选择"面1"，设置【由基准面偏移的距离】为"6mm"，结束后单击图标，利用【圆】等命令绘制面片草图，绘制完成后退出草图，如图6-39所示。

图6-38　拉伸平面

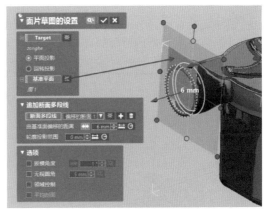

图6-39　绘制草图8

⑨ 在【模型】选项卡中，单击【拉伸】图标，打开"拉伸"对话框，【基准草图】选择"草图8（面片）"，设置【长度】为"50mm"，结束后单击图标，如图6-40所示。

⑩ 在【草图】选项卡中，单击【面片草图】图标，打开"面片草图的设置"对话框，【基准平面】选择"平面4"，设置【由基准面偏移的距离】为"12mm"，结束后单击图标，利用【圆弧】【直线】等命令绘制面片草图，绘制完成后退出草图，如图6-41所示。

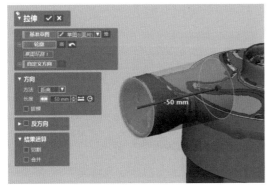

图6-40　拉伸圆柱

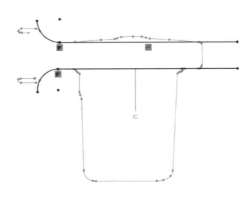

图6-41　绘制草图9

⑪ 在【模型】选项卡中，单击【拉伸】▣图标，打开"拉伸"对话框，【基准草图】选择"草图9（面片）"，设置【方向】的【长度】为"40mm"，勾选【反方向】复选框，【长度】设置为"60mm"，结束后单击✅图标，如图6-42所示。

⑫ 在【模型】选项卡中，单击【切割】图标，打开"切割"对话框，【工具要素】选择"拉伸6-1"与"拉伸6-2"，【对象体】选择"拉伸5"与"拉伸3"，选择【下一阶段】➡图标，【残留体】选择如图6-43所示部分，结束后单击✅图标。

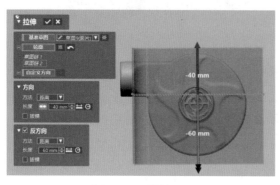

图6-42　拉伸面

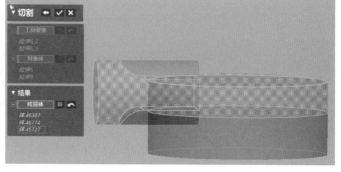

图6-43　选择残留体

⑬ 在【模型】选项卡中，单击【布尔运算】图标，打开"布尔运算"对话框，【操作方法】选择"合并"，【工具要素】框选所有实体，结束后单击✅图标，如图6-44所示。

⑭ 在【草图】选项卡中，单击【草图】图标，打开"设置草图"对话框，【基准平面】选择"前"，绘制如图6-45所示草图。

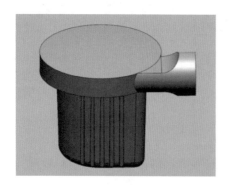

图6-44　合并实体

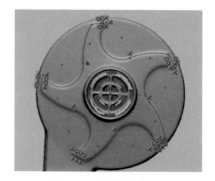

图6-45　绘制草图10

⑮ 在【模型】选项卡中，单击【曲面偏移】◈图标，打开"曲面偏移"对话框。【面】选择如图6-46所示曲面，设置【偏移距离】为"1mm"，结束后单击✅图标。

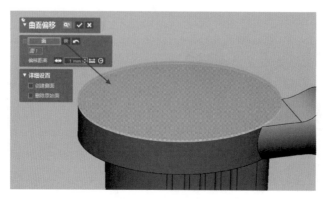

图6-46　曲面偏移

⑯ 在【模型】选项卡中，单击【拉伸】⬛图标，打开"拉伸"对话框，【基准草图】选择"草图10"，【方法】选择"到曲面"，【选择要素】选择"面1"，勾选【合并】复选框，结束后单击✅图标，如图6-47所示。

⑰ 在【模型】选项卡中，单击【平面】⊞图标，打开"追加平面"对话框，【方法】选择【提取】，【要素】选择如图6-48所示领域，结束后单击✅图标。

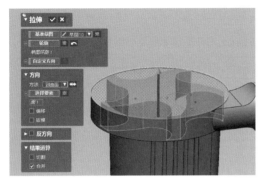

图6-47　拉伸实体

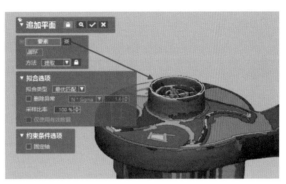

图6-48　新增平面

⑱ 在【草图】选项卡中，单击【面片草图】✅图标，打开"面片草图的设置"对话框，【基准平面】选择"平面5"，设置【由基准面偏移的距离】为"1.5mm"，结束后单击✅图标，利用【圆】等命令绘制面片草图，绘制完成后退出草图，如图6-49所示。

⑲ 在【模型】选项卡中，单击【拉伸】⬛图标，打开"拉伸"对话框，【基准草图】选择"草图11（面片）"，设置【长度】为"18mm"，勾选【拔模】复选框，设置【角度】为"2°"，勾选【合并】复选框，结束后单击✅图标，如图6-50所示。

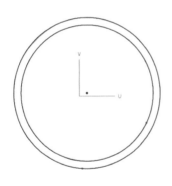

图6-49　绘制草图11

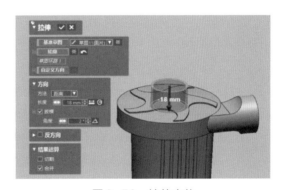

图6-50　拉伸实体

⑳ 利用【面片草图】【拉伸】等命令完成其他特征绘制，如图6-51所示。单击【体偏差】▢图标，上下偏差设置为0.2mm，查看模型精度，如图6-52所示。

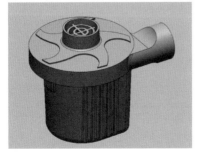

图6-51　最终模型

图6-52　体偏差

3. 文件保存与输出

文件可以直接保存为软件的默认格式"*.xrl"，也可以输出为"*.stp"格式，可单击【菜单】中的【文件】→【输出】命令，打开"输出"对话框，设置【要素】为建模实体模型，单击☑图标，在打开的"输出"对话框中，选择要保存的文件类型，如选择"stp"格式，保存文件为"项目6压力吸尘器（建模数据）.stp"。

项目6
压力吸尘器
（建模数据）

任务评价

<table>
<tr><td rowspan="3">基本信息</td><td>姓名</td><td></td><td colspan="2">班级</td><td></td><td>学号</td><td></td><td>组别</td><td></td></tr>
<tr><td colspan="3">评价方式</td><td colspan="5">□教师评价　□学生互评　□学生自评</td></tr>
<tr><td>规定
时间</td><td></td><td colspan="2">完成
时间</td><td></td><td>考核
日期</td><td></td><td>总评
成绩</td><td></td></tr>
<tr><td rowspan="11">考核内容</td><td rowspan="2">序号</td><td rowspan="2" colspan="3">步骤</td><td colspan="3">完成情况</td><td rowspan="2">分值</td><td rowspan="2">得分</td></tr>
<tr><td colspan="2">完成</td><td>未完成</td></tr>
<tr><td>1</td><td colspan="3">课前预习，在线学习基础知识</td><td colspan="2"></td><td></td><td>10</td><td></td></tr>
<tr><td>2</td><td colspan="3">移动面命令的应用</td><td colspan="2"></td><td></td><td>5</td><td></td></tr>
<tr><td>3</td><td colspan="3">替换面命令的应用</td><td colspan="2"></td><td></td><td>5</td><td></td></tr>
<tr><td>4</td><td colspan="3">转换体命令的应用</td><td colspan="2"></td><td></td><td>10</td><td></td></tr>
<tr><td>5</td><td colspan="3">建模步骤分析</td><td colspan="2"></td><td></td><td>5</td><td></td></tr>
<tr><td>6</td><td colspan="3">压力吸尘器的主体结构建模</td><td colspan="2"></td><td></td><td>20</td><td></td></tr>
<tr><td>7</td><td colspan="3">压力吸尘器的细节部分建模</td><td colspan="2"></td><td></td><td>15</td><td></td></tr>
<tr><td>8</td><td colspan="3">团队协作、沟通表达、领导能力</td><td colspan="2"></td><td></td><td>7</td><td></td></tr>
<tr><td>9</td><td colspan="3">分析问题、解决问题、创新精神</td><td colspan="2"></td><td></td><td>8</td><td></td></tr>
<tr><td>任务反思</td><td colspan="6">1.在完成任务中遇到了哪些问题？
2.你是如何解决上述问题的？
3.在本任务中你学到了哪些知识？
（每个问题5分，表达清晰可加1～3分）</td><td>15</td><td></td></tr>
<tr><td>教师评语</td><td colspan="8"></td></tr>
</table>

任务二　压力吸尘器 3D 打印

 学习任务单

任务名称	压力吸尘器 3D 打印
任务描述	基于 SLA 3D 打印机，完成压力吸尘器模型的切片 [图（a）]、SLA 3D 打印 [图（b）] (a) 模型切片　　　　(b) SLA 3D打印零件
任务分析	要完成压力吸尘器的 SLA 3D 打印，需要了解切片软件，针对模型特点完成切片，操作 SLA 3D 打印机完成模型的打印。按照精度要求对模型进行后处理
成果展示与评价	每组完成一个模型的打印，小组互评后由教师综合评定成绩

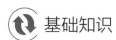 基础知识

一、立体光固化成型（SLA）技术

1. 工作原理

立体光固化成型（SLA）是目前应用最为广泛的一种光固化 3D 打印制造工艺。立体光固化的工作原理是将液态光敏树脂固化为特定形状，即以光敏树脂为原料，在计算机控制下，激光或紫外光束以预定的零件各分层截面的轮廓为轨迹，对液态光敏树脂进行逐点扫描，使被扫描区域的树脂薄层产生光聚合反应，从而形成一个薄层截面，部件在完成每一层固化后再全部浸入树脂槽内，接着升至离树脂槽顶不足一层高的液面处，深浸没之后，液面刮刀会扫过液槽表面，在扫描固化下一层之前，将树脂液面刮平，清除多余树脂，这样周而复始，完成零件的打印。

2. 工作过程

光固化 3D 打印的工作过程如图 6-53 所示。成型开始时，工作台在它的最高位置（高度为 b），此时液面高于工作台一个分层厚度，激光器产生的激光在计算机控制下聚焦到液面并按零件第一层的截面轮廓进行快速扫描，使扫描区域的液态光敏树脂固化，形成零件第一个截面的固化层。然后工作台下降一个分层厚度，在固

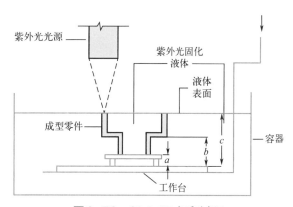

图6-53　SLA 3D打印过程

化好的树脂表面再敷上一层新的液态树脂，再重复扫描固化，与此同时，新固化的一层树脂牢固地黏结在上一层树脂上。该过程一直重复操作直至成型零件达到高度 b，此时已经产生了一个有固定壁厚的环形零件，可以注意到工作台在垂直方向下降了距离 b-a。成型件到达高度 b 后，光束在 X-Y 平面的移动范围加大，从而在前面成型的零件部分上生成凸缘形状，一般此处应添加支平撑。当一定厚度的液体被固化后，该过程重复进行，成型出另一个从高度 b 到 c 的环形截面。液态光敏树脂零件就这样由下至上一层层叠加产生。周围没有用到的那部分液态光敏树脂仍然是可流动的，因为它并没有在光束照射范围内，可以在制造中被再次利用，从而实现无废料加工。可以发现，在零件上大下小时，立体光固化成型需要一个支撑，这种支撑采用的是网状结构。零件制造结束后，从工作台上取下成型零件，去掉支撑结构，即可获得 3D 零件。

3. SLA 3D 打印的主要优点

① 全天候生产。SLA 3D 打印可以全天候连续不断，无需看护。

② 制造尺寸。不同 SLA 设备可根据需求制造从小到大不同体积的物品。

③ 精准性。SLA 系统精准性很强，可应用于许多领域。

④ 表面粗糙度。在大多数增材制造系统中，SLA 的表面粗糙度值是比较小的。

⑤ 种类繁多的原材料。原材料种类很多，包括从通用的树脂材料到特定用途的特殊树脂材料。

4. SLA 3D 打印的主要缺点

① 支撑结构。对于一些悬空和切口部位，支撑结构必须与主体结构一同设计、制作。

② 后期制作。后期制作包括去除支撑结构及其他不必要的材料，这不仅烦琐费时，还可能损坏零件。

③ 后期固化处理。有时固化后需要进行后期处理使物体固化完全，以保证结构的稳定性。

5. SLA 3D 打印的应用

SLA 技术为生产商提供了价格合理的制造方法，使产品推向市场的时间缩短、开发费用降低，生产商对设计有更多的掌控，使产品设计不断得到改进。其应用范围如下。

① 概念产品、包装及产品展示模型。

② 设计、分析、验证及功能测试的样品。

③ 模具的组件及用于产品的小批量生产。

④ 熔模铸造、砂模铸造及铸模。

⑤ 工装卡具及用于工具设计、生产的工具。

6. SLA 3D 打印机材料

（1）通用型树脂

通用型树脂的主要优点是各方面性能适中，应用广泛，适用于对材料无特殊要求的制件，如手板模型、艺术品等。

（2）铸造树脂

铸造树脂主要应用于熔模铸造，它在高温加热燃烧后不会留下灰烬，因此可以广泛应用于珠宝首饰和金属零件的铸造。

（3）柔性树脂

柔性树脂是一种类似于橡胶的光固化树脂。该树脂的断裂伸长率高，柔韧性好，但是一般强度较低，可应用于垫片、弹簧等需要柔韧性的制件的制作。

（4）生物相容性树脂

生物相容性树脂是经过认证的一类生物相容性材料，可应用于医学，特别是牙科。它可以使牙科医生为病人提供更快、更精确、更舒适的牙科诊疗服务。有了这种材料，牙科医生可以定制手术导板、培训模型、漂白托盘、牙架、矫正器等。

（5）耐高温树脂

耐高温树脂是一种耐高温的高性能材料，使用其打印的零部件无论是强度还是硬度都很高，而且可承受高达200℃的温度，这使得其广泛应用于那些需要在热环境中长期发挥作用的制件的制作。

（6）陶瓷树脂

陶瓷树脂通过3D打印成型后，其模型可以像传统陶坯那样放进窑炉里通过高温煅烧变成瓷器。这样制作的瓷器不仅具有传统煅烧瓷器所特有的表面光泽和表面粗糙度，而且还具有光固化3D打印所赋予的高分辨率细节，因此陶瓷树脂非常适合在工业元件和珠宝领域应用。

二、Materialise Magics软件介绍

Materialise Magics是一款专业3D打印切片软件，被广泛应用于机械制造、医疗、航空航天、汽车等领域。在3D打印过程中，模型可能存在各种问题，如壁厚不均、空洞、曲面不连续等，Materialise Magics软件能够快速检测并修复这些问题，以确保模型的准确性和可打印性。Materialise Magics软件可以生成支撑结构，以支撑悬空部分和提高打印成功率，该支撑结构的参数可以根据打印材料、模型几何形状等因素进行调整。Materialise Magics软件支持的文件格式包括STL、OBJ、PLY等。

Materialise Magics软件的界面如下。

导航栏：位于界面顶部的导航栏包含了各种功能按钮和菜单，可以通过导航栏快速访问不同的功能模块，如文件操作、编辑工具、模型修复等。

工具栏：在界面顶部或侧边通常会有一个工具栏，包含了常用的工具按钮，可以通过工具栏快速选择并使用各种功能，以提高操作效率。

视图窗口：主要用于显示3D模型的视图窗口是Materialise Magics界面中最重要的部分。可以在视图窗口中查看和编辑模型，进行旋转、缩放、移动等操作，以便用户更好地理解模型的结构和细节。

属性面板：一般位于界面的一侧或底部。属性面板显示了当前选择对象的属性信息和参数设置，可以在属性面板中调整模型的属性，如大小、颜色、打印参数等。

任务面板：任务面板通常用于显示当前进行的操作任务和进度，帮助用户了解软件的工作流程和操作步骤，指导用户完成各项任务。

快捷键：Materialise Magics软件还提供了丰富的快捷键功能，可以通过快捷键快速执行常用命令，提高操作效率和工作速度。

Materialise Magics软件的主要功能

（1）模型修复和修改

Materialise Magics软件可以检测和修复3D模型中的几何缺陷和错误，例如非连通曲面、孔洞、壁厚问题等。它提供的修复工具可以对模型进行切割、镜像、分割和组合等操作。

（2）支撑结构生成

Materialise Magics软件可以根据用户定义的参数，自动生成支撑结构来支持3D打印过程中的复杂几何形状和悬空部分。这有助于提高打印成功率和打印质量。

（3）布局和优化

Materialise Magics软件具有自动布局和优化工具，可以最大限度地利用3D打印机的建造空间，提高生产效率。用户可以调整模型的位置、旋转角度和缩放比例，以达到最佳的打印结果。

（4）文件准备和转换

Materialise Magics软件可以将3D模型文件转换为特定的文件格式，使之可以与不同的3D打印机兼容。它支持广泛的文件格式，例如 STL、AMF、3MF 等，并提供了可定制的导出选项。

（5）模型分析和测量

Materialise Magics软件具有模型分析和测量工具，可以评估模型的壁厚、表面粗糙度、尺寸精度等关键参数。这有助于验证设计的可制造性和优化打印参数。

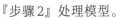 **任务实施**

一、压力吸尘器外壳模型切片

利用Materialise Magics切片软件完成压力吸尘器外壳的切片。

『步骤1』导入数据。

打开Materialise Magics软件，单击左上角【文件】菜单，选择【加载】选项，单击【导入零件】图标，如图6-54所示，选择"项目6打印数据"文件。

『步骤2』处理模型。

① 单击菜单栏【修复】选项卡，单击【修复向导】命令，打开"修复向导"对话框，对模型错误进行修复。单击【诊断】图标，单击【更新】图标，查看错误信息，如图6-55所示。

② 单击【综合修复】图标，选择【自动修复】，如图6-56所示，对模型错误进行修复。修复完成后再次单击【诊断】图标，修复后所有问题应为"0"，若有无法自动修复的错误，需对具体问题进行手动修复。

图6-54　导入数据

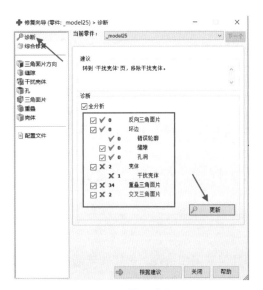

图6-55　错误诊断

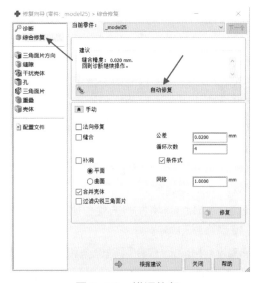

图6-56　错误修复

③ 选择【工具】选项卡，选择【镂空零件】命令，打开"抽壳零件"对话框，对模型进行抽壳处理，【壁厚】设置为"2.5mm"，【细节尺寸】设置为"2mm"，如图6-57所示，完成后单击【确认】图标。

④ 选择【工具】选项卡，选择【打孔】命令，打开"打孔"对话框，对模型进行打孔处理，选择【添加】图标，在压力吸尘器外壳底部打孔，设置孔半径为3mm，如图6-58所示，完成后单击【应用】图标。

『步骤3』摆放模型。

① 单击菜单栏【加工准备】选项卡，单击【新平台】命令，打开"选择机器"对话框，机器选择"SL550"，建立打印平台，如图6-59所示。

② 单击菜单栏【加工准备】选项卡，单击【加载零件到视图】命令，打开"添加零件到平台"对话框，将模型导入平台内。

③ 单击菜单栏【工具】选项卡，单击【旋转】命令，打开"旋转"对话框，对"X""Y"轴进行"25°"旋转，如图6-60所示。

项目6
打印数据

6-5 压力吸尘
器切片

图6-57 抽壳零件

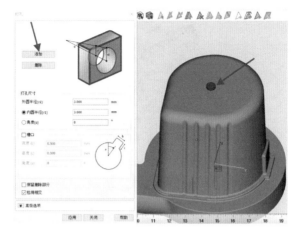

图6-58 打孔

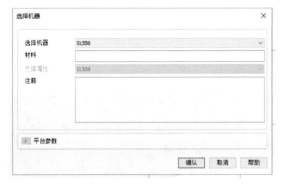

图6-59 新建平台

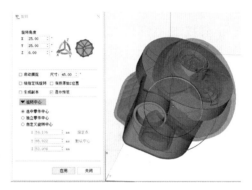

图6-60 旋转模型

④ 单击菜单栏【加工准备】选项卡，单击【自动摆放】命令，打开"自动摆放"对话框，选择【平台中心】单选项，如图6-61所示。

『步骤4』导出文件。

① 单击菜单栏【加工准备】选项卡，单击【导出平台】命令，打开"导出平台：SL550"对话框，导出切片文件，如图6-62所示，同时软件会自动生成支撑，如图6-63所示。

② 导出4个文件，如图6-64所示，完成切片。

图6-61 摆放模型

图6-62 导出文件

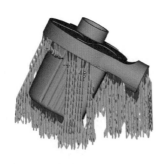

图6-63 生成支撑

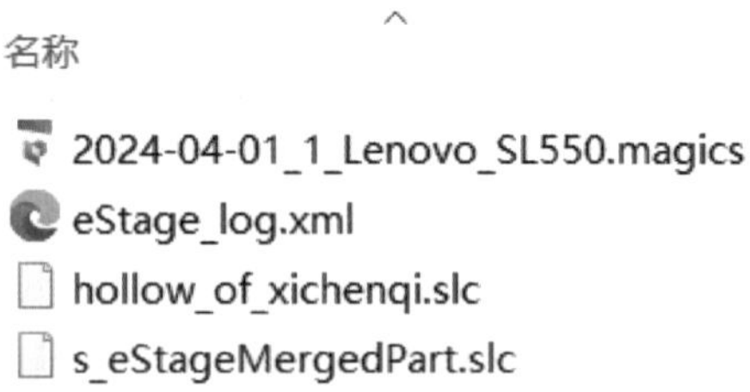

名称
2024-04-01_1_Lenovo_SL550.magics
eStage_log.xml
hollow_of_xichenqi.slc
s_eStageMergedPart.slc

图6-64 导出结果

二、压力吸尘器外壳模型3D打印

『步骤1』启动设备。

① 旋转按钮，启动设备。

② 依次按动面板下方未亮的四个按钮，如图6-65所示。

③ 打开设备右下角激光器设备箱，启动激光器，如图6-66所示。

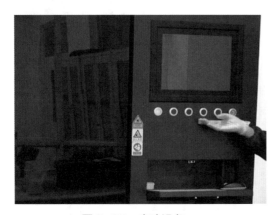

图6-65 启动设备

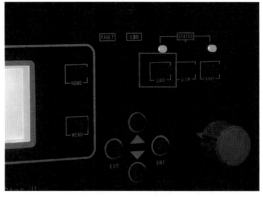

图6-66 启动激光器

『步骤2』导入文件。

① 待设备温度达到设置温度后，启动打印机软件，单击【添加】图标，导入切片文件，如图6-67所示，打印文件为切片阶段导出的两个后缀为“.slc”的文件。

② 单击菜单栏【打印】图标，从零层开始打印，如图6-68所示。

ZERO 5.0 - 1号机
文件 设置 工具 帮助
新建 打开 保存 添加
打印文件类型 (*.prj)
保存... 添加... 删除
SLC_项目

图6-67 导入切片文件

添加 删除 回零 打印 停止 暂停
打印状态
2D 视图
激光功率: 000.0 (mW)
树脂温度: 0.0
预计打印时间: 2:39:23 快速模式

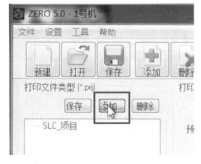

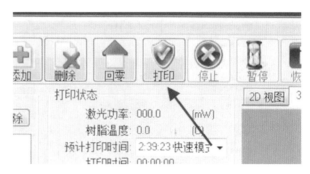

图6-68 开始打印

三、打印压力吸尘器外壳模型后处理

『步骤1』取下打印零件。待打印完成、设备停止工作后，利用金属铲将模型从打印平台上取下。

『步骤2』去除支撑。利用尖嘴钳将支撑等多余材料从模型上去除。

『步骤3』清洗模型。将打印模型浸泡到酒精里，利用毛刷将表面残留的树脂清洗掉。

『步骤4』二次固化模型。将打印模型放入固化箱，将表面未完全固化的树脂进行二次固化，固化箱定时 15min，得到的模型如图 6-69 所示。

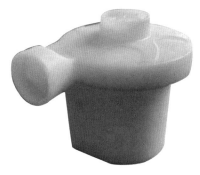

图6-69　打印模型

 任务评价

基本信息	姓名		班级		学号		组别	
	评价方式			□教师评价　□学生互评　□学生自评				
	规定时间		完成时间		考核日期		总评成绩	
考核内容	序号	步骤		完成情况		分值	得分	
				完成	未完成			
	1	课前预习，在线学习基础知识				10		
	2	Materialise Magics 软件的界面				10		
	3	Materialise Magics 软件的主要功能				10		
	4	压力吸尘器模型切片				15		
	5	压力吸尘器模型的 3D 打印				20		
	6	分析问题、解决问题、创新精神				10		
	7	对产品负责、注重细节、工匠精神				10		
任务反思	1. 在完成任务中遇到了哪些问题？ 2. 你是如何解决上述问题的？ 3. 在本任务中你学到了哪些知识？ （每个问题 5 分，表达清晰可加 1～3 分）					15		
教师评语								

📚 项/目/小/结

	基础知识 (知识点)	1.移动面命令的应用
		2.替换面命令的应用
		3.转换体命令的应用
逆向建模	实践操作 (技能点)	1.建模任务分析
		2.主体结构建模
	复习知识点	1.领域(项目1)
		2.拉伸(项目1)
		3.切割(项目3)
		4.追加平面(项目1)
		5.曲面偏移(项目3)
		6.布尔运算(项目2)
3D打印	基础知识 (知识点)	1.SLA工艺工作流程
		2.SLA工艺的优缺点
		3.Materialise Magics软件模型修复与切片
	实践操作 (技能点)	1.压力吸尘器模型切片
		2.压力吸尘器模型3D打印

压力吸尘器逆向建模与3D打印

✏️ 拓/展/练/习

一、简答题

1.简述主流的3D打印切片软件主要有哪些。

2.简述 Materialise Magics 切片软件的主要特点。

二、操作题

1.完成题图6-1塑料件模型的逆向设计和3D打印（逆向设计精度±0.2mm）。

题图 6-1
（扫描数据）

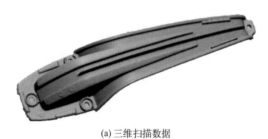

(a) 三维扫描数据

(b) 逆向建模模型

题图6-1 塑料件

2.完成题图6-2电磨机头壳体模型的逆向设计和3D打印（逆向设计精度±0.2mm）。

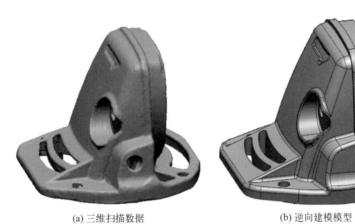

(a) 三维扫描数据　　　　　(b) 逆向建模模型

题图6-2　电磨机头壳体

项目七
风机外壳逆向建模与3D打印

本项目通过对风机外壳的逆向建模，熟练应用实体和曲面建模的各种命令；学习扫描、扫描精灵命令的应用；学习管道精灵和反转法线命令的应用；学习Materialise Magics切片软件参数的设置；了解SLA 3D打印机常见的故障及处理。

◉ 知识目标

1. 掌握扫描和扫描精灵命令的创建和编辑。
2. 掌握管道精灵命令的创建和参数的设置。
3. 熟悉反转法线命令的应用。
4. 熟悉SLA 3D打印机常见的故障及处理。

◉ 技能目标

1. 能完成风机外壳的逆向建模。
2. 能完成风机外壳模型的光固化3D打印。

◉ 素质目标

1. 严谨细致、科学谨慎的研究精神。
2. 精益求精、工匠精神。
3. 团结合作、沟通表达。

任务一　风机外壳逆向建模

 学习任务单

任务名称	风机外壳逆向建模
任务描述	根据丢失设计数据的风机外壳实物 [图（a）]，利用三维扫描仪获得三维扫描数据 [图（b）]，利用 Geomagic Design X 软件重获原始设计数据 [图（c）] (a) 风机外壳实体　　(b) 三维扫描数据　　(c) 逆向设计模型
任务分析	风机外壳属于比较复杂的曲面类零件，其逆向建模使用的命令有扫描、拉伸、放样、镜像、曲面偏移、圆形阵列等。首先绘制风机外壳主体结构，其次绘制细节部分，最后对绘制完成的模型进行精度检测
成果展示与评价	各组每个成员均要完成风机外壳的逆向建模，小组间利用软件中的精度分析命令开展互评，最后由教师综合评定成绩

 基础知识

一、扫描

在【模型】选项卡中，【扫描】命令包括创建实体的扫描、创建曲面的扫描和扫描精灵三个选项，如图7-1所示，其中，创建实体的扫描和创建曲面的扫描的过程基本相同，在此以创建实体的扫描为例来详细说明。

图7-1　【扫描】命令

1.功能

【扫描】命令用于沿着草图的路径，创建一个封闭的实体或曲面，如图7-2所示。

图7-2　扫描

2.参数

在【模型】选项卡中，单击【扫描】⑧图标，打开"扫描"对话框，如图 7-3 所示。

（1）轮廓

用于创建扫描实体的截面轮廓。

注意：要制作复合轮廓时，使用 Shift 键选择边缘或曲线，轮廓不能自相交。

（2）路径

截面轮廓沿着路径扫描形成实体或曲面。

（3）方法

【沿路径】：截面轮廓与路径保持相同角度，如图 7-4 所示。

【维持固定的法线方向】：截面轮廓始终与初始截面平行，如图 7-5 所示。

图 7-3 【扫描】对话框

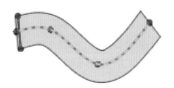 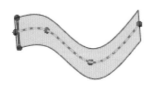

图 7-4　沿路径　　　　图 7-5　维持固定的法线方向

【沿最初的向导曲线和路径】：用一条向导曲线控制轮廓中间形状，如图 7-6 所示。

【沿第 1 和第 2 条向导曲线】：用两条向导曲线控制轮廓中间形状，如图 7-7 所示。

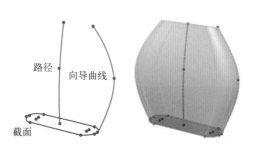 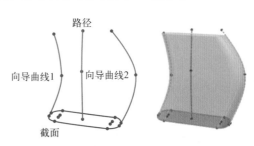

图 7-6　沿最初的向导曲线和路径　　　　图 7-7　沿第 1 和第 2 条向导曲线

【沿路径扭转】：将路径的一部分按指定的角度扭转，如图 7-8 所示。

【在一定的法线上沿路径扭转】：沿路径扭转，且扭转部分与初始截面平行，如图 7-9 所示。

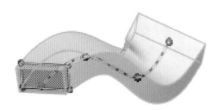 

图 7-8　沿路径扭转　　　　图 7-9　在一定的法线上沿路径扭转

（4）路径对齐类型

当沿路径不均匀的曲率波动导致轮廓未对齐时，该选项可以起到稳定轮廓的作用。当选择【跟随路径】选项时，此选项可用。

【无】：轮廓垂直于路径对齐，不应用校正，如图7-10所示。

【方向线指定】：在选定的线性矢量（向量）方向上对齐轮廓，如图7-11所示。

图7-10 【无】选项

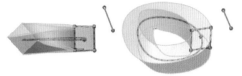

图7-11 【方向线指定】选项

（5）向导曲线

引导轮廓沿着路径扫描。

（6）选项

【沿着扫描路径改善曲率】：平滑连接沿扫描路径形成的不同曲率的面。

【切面的合并】：合并切向连接的面以减少面的总数，如图7-12所示。

无切面的合并　　　　　　有切面的合并

图7-12 切面的合并

二、扫描精灵

1.功能

根据所选区域智能计算截面轮廓和扫描路径，并创建扫描体，如图7-13所示。

图7-13 扫描精灵

2.参数

在【模型】选项卡中，单击【扫描精灵】 🎯 图标，打开"扫描精灵"对话框，如图7-14所示。

（1）对象

选择面片上的区域或多边形。

（2）轮廓

【自动生成】：自动生成轮廓。

自由曲线：以创建的2D样条曲线作为自动生成轮廓，如图7-15所示。

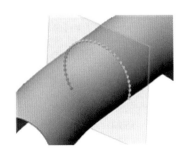

图7-15 自由曲线轮廓

图7-14 "扫描精灵"对话框

间隙连接误差：形成给定公差内的草图。

【使用指定的几何草图】：将扫描区域外的草图转换为扫描体的截面。

【使用待定的草图】：用草图作为扫描轮廓，但不更改草图位置。

（3）路径

【自动生成】：自动生成路径。

自由曲线：以创建的 3D 样条曲线作为处动生成路径，如图 7-16 所示。

图 7-16　自由曲线路径

在可能的情况下绘制线 / 弧：提取线 / 弧作为截面的路径，如图 7-17 所示。

【使用指定曲线作为初始参考】：指定一条曲线作为近似正确的扫描路径。

【使用指定曲线】：指定一条曲线作为扫描路径，但不更改曲线位置。

图 7-17　在可能的情况下绘制线 / 弧

三、管道精灵

1.功能

【管道精灵】命令用于从面片或点云数据提取管道特征。该命令基于领域、多边形面、顶点等智能计算出圆形轮廓、半径和扫描路径，创建管道类实体，如图 7-18 所示。

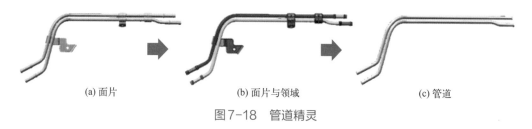

(a) 面片　　　　　　(b) 面片与领域　　　　　　(c) 管道

图 7-18　管道精灵

2.参数

单击【菜单】→【插入】→【建模精灵】→【管道精灵】命令，打开"管道精灵"对话框，如图 7-19 所示。

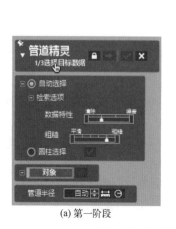

(a) 第一阶段

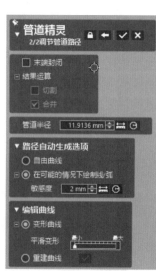

(b) 第二阶段

图 7-19　"管道精灵"对话框

（1）1/3 选择目标数据

【自动选择】：使用选定的检测点在面片或点云中自动查找管道形状。

● 数据特性：定义扫描数据的质量。

● 粗糙：检测管道路径的长度。当扫描数据平滑连接无噪声时，将滑块移向"平滑"，系统将检测具有紧密公差的管道区域；当滑块移向"粗糙"方向时，系统将检测具有宽松公差的管道区域，如图 7-20 所示。

图 7-20 【粗糙】选项

【圆柱选择】：从多个选定的检测点检测管道。

● 选择剩余管道：选择多个管道区域后，【选择剩余管道】将显示候选管道。

（2）2/2 调节管道路径

【末端封闭】：闭合顶面和底面并创建实体。轮廓是闭合曲线时可用此选项。

【自由曲线】：自动创建 3D 样条曲线。

【变形曲线】：通过在编辑区域中移动曲线的节点来预览曲线。

【重建曲线】：调整具有多个节点的自由曲线上的节点数量。

四、反转法线

【反转法线】命令用于反转面的法线方向，如图 7-21 所示。

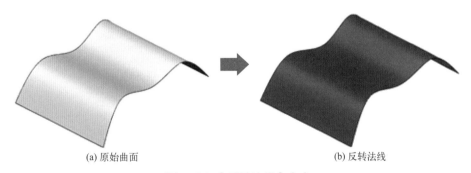

图 7-21 【反转法线】命令

 任务实施

一、数据采集

模型：风机外壳如图 7-22（a）所示。

扫描设备：手持三维扫描仪如图 7-22（b）所示。

扫描模型：扫描数据如图 7-22（c）所示。

7-1 风机外壳数据采集

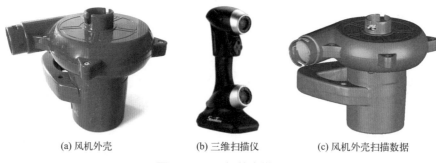

(a) 风机外壳　　　　　(b) 三维扫描仪　　　　(c) 风机外壳扫描数据

图 7-22　风机外壳模型

二、建模步骤

风机外壳的逆向建模过程主要包括划分领域组、对齐坐标系、绘制面片草图、建模结构主体、绘制细节特征等部分。其建模流程如图 7-23 所示。

● ○ chuifengji	⊞ ● ◈ 剪切曲面5	⊞ ● ⬆ 拉伸6
● ⊞ 平面1	⊞ ● ✕ 3D草图1	⊞ ● ✎ 草图11(面片)
● ⊞ 平面2	⊞ ● ◈ 剪切曲面6	⊞ ● ⬆ 拉伸7
⊞ ● ✎ 草图1(面片)	⊞ ● ◆ 缝合2	⊞ ● ❄ 圆形阵列1
● ⊞ 平面3	⊞ ● ◈ 面填补2	⊞ ● ⬚ 布尔运算1(切割)
● ⊞ 平面4	⊞ ● ⊞ 平面6	⊞ ● ◈ 曲面偏移1
⊞ ● ✎ 草图2(面片)	⊞ ● ◈ 剪切曲面7	⊞ ● ✎ 草图12
⊞ ● ⬡ 扫描1	⊞ ● ◗ 圆角1(恒定)	⊞ ● ⬆ 拉伸8(切割)
● ⊞ 平面5	⊞ ● ⊞ 平面7	● ⊞ 平面11
⊞ ● ✎ 草图3(面片)	⊞ ● ◭ 镜像1	● ⊞ 平面12
⊞ ● ⬆ 拉伸1	⊞ ● ◮ 放样2	⊞ ● ✎ 草图13(面片)
⊞ ● ◈ 剪切曲面1	⊞ ● ◆ 缝合3	⊞ ● ⬆ 拉伸9(合并)
⊞ ● ✎ 草图4	⊞ ● ◈ 面填补3	⊞ ● ◈ 移动面1(移动)
⊞ ● ⬆ 拉伸2	⊞ ● ⬡ 领域组1	⊞ ● ✎ 草图14(面片)
⊞ ● ◈ 剪切曲面2	⊞ ● ┿ 线1	⊞ ● ⬆ 拉伸10(合并)
⊞ ● ✎ 草图5	● ⊞ 平面8	⊞ ● ✎ 草图15(面片)
⊞ ● ⬆ 拉伸3	⊞ ● ✎ 草图7(面片)	⊞ ● ⬆ 拉伸11
⊞ ● ⬡ 分割面1	⊞ ● ◭ 回转1	⊞ ● ✎ 草图16(面片)
⊞ ● ◮ 放样1	● ⊞ 平面9	⊞ ● ⬆ 拉伸12
⊞ ● ✛ 反转法线1	● ⊞ 平面10	⊞ ● ┿ 线2
⊞ ● ◈ 延长曲面1	⊞ ● ✎ 草图8(面片)	⊞ ● ❄ 圆形阵列2
⊞ ● ◈ 剪切曲面3	⊞ ● ⬆ 拉伸4(合并)	⊞ ● ⬚ 布尔运算2(切割)
⊞ ● ◈ 剪切曲面4	⊞ ● ◗ 圆角2(恒定)	⊞ ● ◗ 圆角10(恒定)
⊞ ● ◆ 缝合1	⊞ ● ✎ 草图9(面片)	⊞ ● ◗ 圆角11(恒定)
⊞ ● ✎ 草图6	⊞ ● ⬆ 拉伸5(合并)	⊞ ● ◗ 圆角12(恒定)
⊞ ● ◈ 面填补1	⊞ ● ✎ 草图10(面片)	⊞ ● ◗ 圆角13(恒定)

图 7-23　建模流程

项目 7
扫描数据

1. 对齐基准坐标

『步骤1』导入数据。

选择菜单栏中的【插入】→【导入】命令，打开"导入"对话框，导入"项目7扫描数据 .stl"数据文件，或直接把模型拖到绘图区。

『步骤2』创建基准平面。

① 在【模型】选项卡中，单击【平面】⊞图标，打开"追加平面"对话框。

② 在"追加平面"对话框中，【方法】选择【选择多个点】，【要素】选择如图 7-24 所示平面上三个及三个以上

图 7-24　创建基准平面

的点。

③ 选择结束后单击 ✅ 图标，完成创建基准平面操作。

『步骤3』创建基准圆柱。

① 在【模型】选项卡中，单击【面片草图】 ✍ 图标，打开"面片草图的设置"对话框，【基准平面】选择"平面1"，提取圆柱轮廓，如图7-25所示，并利用【圆】工具绘制圆形，绘制完成后退出草图。

② 在【模型】选项卡中，单击【拉伸】 ⬛ 图标，打开"拉伸"对话框，【基准草图】选择"草图1（面片）"，拉伸任意距离，如图7-26所示，结束后单击 ✅ 图标。

图7-25　建立面片草图　　　　　　　　　图7-26　建立基准圆柱

『步骤4』对齐基准坐标。

① 在【对齐】选项卡中，单击【手动对齐】 ⬛ 图标，打开"手动对齐"初始对话框，选择【下一阶段】 ➡ 图标，进入"手动对齐"对话框。

② 在"手动对齐"对话框中，【移动】选择【3-2-1】，【平面】选择圆柱的边线，【线】选择圆柱面，如图7-27所示。

③ 选择结束后单击 ✅ 图标，完成对齐基准坐标操作。

④ 删除【树】中【领域组】以下的全部操作。

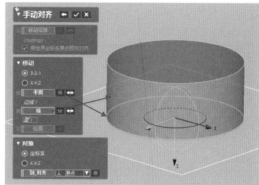

2.叶轮罩曲面轮廓建模

① 在【模型】选项卡中，单击【平面】 ⊞ 图标，打开"平面属性"对话框，【方法】选择【选择多个点】，【要素】选择如图7-28所示平面上的三个及三个以上的点，选择结束后单击 ✅ 图标，建立"平面1"。

图7-27　对齐坐标

② 在【模型】选项卡中，单击【平面】 ⊞ 图标，打开"平面属性"对话框，【方法】选择【平均】，【要素】选择风机罩上下两个平面，如图7-29所示，结束后单击 ✅ 图标。

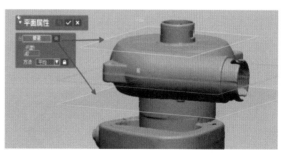

图7-28　建立平面1　　　　　　　　　　图7-29　建立平面2

③ 在【草图】选项卡中，单击【面片草图】 ✍ 图标，打开"面片草图的设置"对话框，【基准平面】选择"平面2"，单击 ✅ 图标，利用【直线】【相交剪切】【圆】等命令绘制面片草图，绘制完成后退出草图，如图7-30所示。

④ 在【模型】选项卡中，单击【平面】田图标，打开"平面属性"对话框，【方法】选择【N等分】，【分割】选择【平均】，【指数】设置为"2"，【要素】选择如图7-31所示线段，结束后单击☑图标。

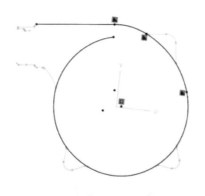

图7-30　绘制草图1

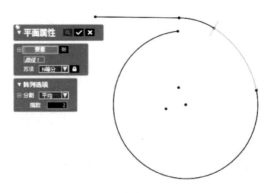

图7-31　N等分建立平面3、4

⑤ 在【草图】选项卡中，单击【面片草图】☑图标，打开"面片草图的设置"对话框，【基准平面】选择"平面3"，单击☑图标，利用【相交剪切】【圆】等命令绘制面片草图，绘制完成后退出草图，如图7-32所示。

⑥ 在【模型】选项卡中，单击【扫描】☑图标，打开"扫描"对话框，【轮廓】选择"草图2（面片）"，【路径】选择"草图链1"，如图7-33所示，结束后单击☑图标。

图7-32　绘制草图2

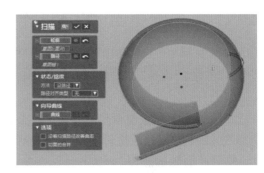

图7-33　扫描曲面

⑦ 在【模型】选项卡中，单击【平面】田图标，打开"平面属性"对话框，【方法】选择【提取】，【要素】选择如图7-34所示边线，结束后单击☑图标。

⑧ 在【草图】选项卡中，单击【面片草图】☑图标，打开"面片草图的设置"对话框，【基准平面】选择"平面5"，提取圆柱轮廓，如图7-35所示，单击☑图标，利用【圆】等命令绘制面片草图，完成后退出草图。

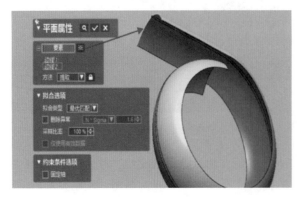

图7-34　建立平面5

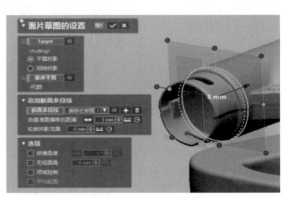

图7-35　提取圆柱轮廓

⑨ 在【模型】选项卡中，单击【拉伸】🖫图标，打开"拉伸"对话框，【基准草图】选择"草图3（面片）"，设置【长度】为"88.5mm"，如图7-36所示，结束后单击✅图标。

⑩ 在【模型】选项卡中，单击【剪切曲面】◈图标，打开"剪切曲面"对话框，【工具要素】选择风机罩上下两个平面，【对象体】选择"扫描1"，单击【下一阶段】➡图标，【残留体】选择如图7-37所示区域，结束后单击✅图标。

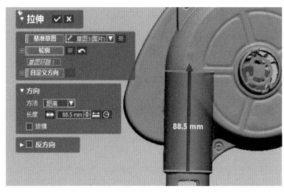

图7-36　拉伸圆柱

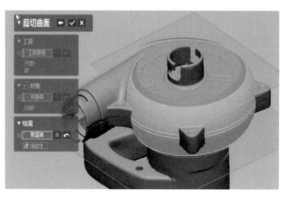

图7-37　剪切曲面

⑪ 在【草图】选项卡中，单击【草图】✍图标，打开"设置草图"对话框，【基准平面】选择"平面1"，绘制如图7-38所示直线，绘制完成后退出草图。

⑫ 在【模型】选项卡中，单击【平面】⊞图标，打开"平面属性"对话框，【方法】选择【N等分】，【分割】选择【平均】，设置【指数】为"2"，【要素】选择如图7-38所示线段，结束后单击✅图标。

⑬ 在【模型】选项卡中，单击【拉伸】🖫图标，打开"拉伸"对话框，【基准草图】选择"草图4"，【方法】选择【距离】，【长度】超过模型大小，结束后单击✅图标，如图7-39所示。

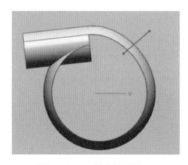

图7-38　绘制草图4

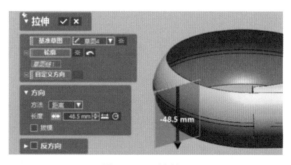

图7-39　拉伸

⑭ 在【模型】选项卡中，单击【剪切曲面】◈图标，打开"剪切曲面"对话框，【工具要素】选择"拉伸2"，【对象体】选择"剪切曲面1"，单击【下一阶段】➡图标，【残留体】选择如图7-40所示区域，结束后单击✅图标。

⑮ 在【草图】选项卡中，单击【草图】✍图标，打开"设置草图"对话框，【基准平面】选择"平面1"，绘制如图7-41所示直线，绘制完成后退出草图。

⑯ 在【模型】选项卡中，单击【拉伸】🖫图标，打开"拉伸"对话框，【基准草图】选择"草图5（面片）"，向下拉伸超过模型，结果如图7-42所示，结束后单击✅图标。

⑰ 在【模型】选项卡中，单击【分割面】�图标，打开"分割面"对话框，选择【相交】，【工具要素】选择"面2"，【对象要素】选择"面1"，如图7-43所示，结束后单击✅图标。

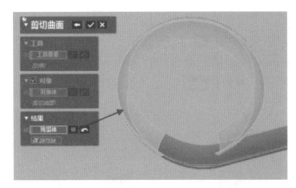

图 7-40 剪切曲面

图 7-41 绘制草图 5

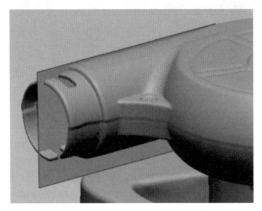

图 7-42 拉伸平面

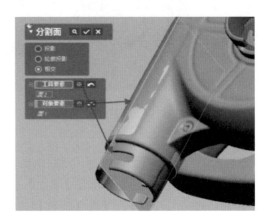

图 7-43 分割面

7-4
风机轮罩整
体建模

⑱ 在【模型】选项卡中，单击【放样】🥢图标，打开"放样"对话框，【轮廓】选择如图 7-44 所示边线，【起始约束】与【终止约束】均选择【与面相切】，结束后单击✅图标。

3. 叶轮罩整体建模

① 在【模型】选项卡中，单击【延长曲面】◈图标，打开"延长曲面"对话框，将放样的曲面侧面两边线延长 5mm，如图 7-45 所示，结束后单击✅图标。

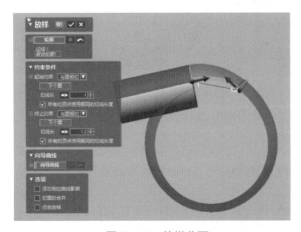

图 7-44 放样曲面

图 7-45 延长曲面

② 在【模型】选项卡中，单击【剪切曲面】🔖图标，打开"剪切曲面"对话框，【工具要素】选择"拉伸 1"与"剪切曲面 2"，单击【下一阶段】➡图标，【残留体】选择如图 7-46 所示区域，结束后单击✅图标。

③ 在【模型】选项卡中，单击【剪切曲面】⬦图标，打开"剪切曲面"对话框，【工具要素】选择风机罩上下两个平面，【对象体】选择"放样 1"，单击【下一阶段】➡图标，【残留体】选择如图 7-47 所示区域，结束后单击✅图标。

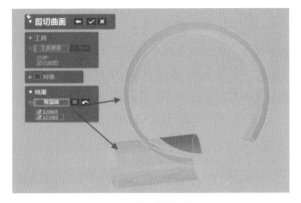

图 7-46　剪切曲面

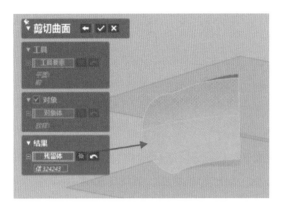

图 7-47　剪切曲面

④ 在【模型】选项卡中，单击【缝合】◈图标，打开"缝合"对话框，将模型曲面缝合，如图 7-48 所示，结束后单击✅图标。

⑤ 在【草图】选项卡中，单击【草图】✎图标，打开"设置草图"对话框，【基准平面】选择"前"，绘制如图 7-49 所示矩形，绘制完成后退出草图。

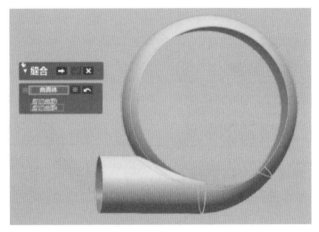

图 7-48　缝合曲面

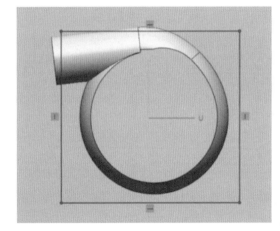

图 7-49　绘制草图 6

⑥ 在【模型】选项卡中，单击【面填补】⬗图标，打开"面填补"对话框，【边线】选择矩形四条边，如图 7-50 所示，结束后单击✅图标。

⑦ 在【模型】选项卡中，单击【剪切曲面】⬦图标，打开"剪切曲面"对话框，【工具要素】选择"剪切曲面 4"，【对象体】选择"面填补 1"，如图 7-51 所示。单击【下一阶段】➡图标，【残留体】选择如图 7-52 所示区域，结束后单击✅图标。

图 7-50　面填补

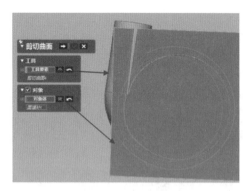

图7-51　剪切曲面

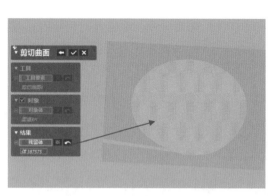

图7-52　选择残留体

⑧ 在【草图】选项卡中，单击【3D 草图】
✖图标，绘制样条曲线，如图7-53所示。

⑨ 在【模型】选项卡中，单击【剪切曲面】
🗇图标，打开"剪切曲面"对话框，【工具要素】
选择"草图链1"，【对象体】选择"剪切曲面5"，
单击【下一阶段】➡图标，【残留体】选择如图
7-54所示区域，结束后单击✅图标。

⑩ 在【模型】选项卡中，单击【缝合】🗇图
标，打开"缝合"对话框，将模型曲面缝合，如
图7-55所示，结束后单击✅图标。

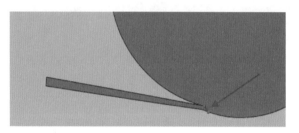

图7-53　绘制3D草图

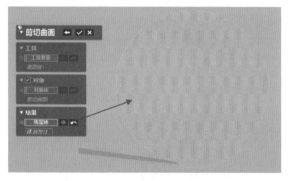

图7-54　剪切曲面

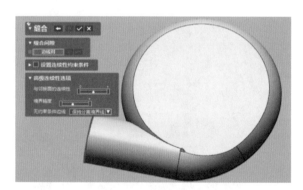

图7-55　缝合曲面

⑪ 在【模型】选项卡中，单击【面填补】🗇图标，打开"面填补"对话框，【边线】选择小孔的边线，
如图7-56所示，结束后单击✅图标。

⑫ 在【模型】选项卡中，单击【平面】⊞图标，打开"平面属性"对话框，【方法】选择【提取】，【要
素】选择如图7-57所示边线，结束后单击✅图标。

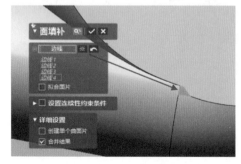

图7-56　面填补

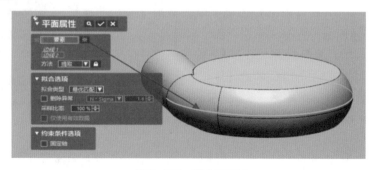

图7-57　建立平面6

⑬ 在【模型】选项卡中，单击【剪切曲面】◈图标，打开"剪切曲面"对话框，【工具要素】选择"平面 6"，【对象体】选择"面填补 2"，单击【下一阶段】➡图标，【残留体】选择如图 7-58 所示区域，结束后单击✅图标。

⑭ 在【模型】选项卡中，单击【圆角】◔图标，打开"圆角"对话框，选择如图 7-59 所示边线，设置【半径】为"7mm"，结束后单击✅图标。

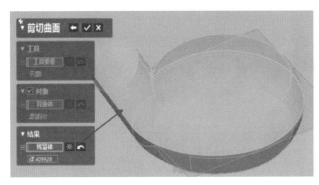

图 7-58　剪切曲面

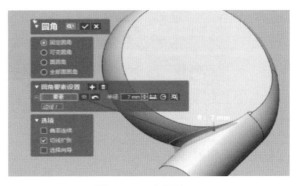

图 7-59　倒圆角

⑮ 在【模型】选项卡中，单击【平面】⊞图标，打开"平面属性"对话框，【方法】选择【平均】，【要素】选择风机罩上下两个平面，如图 7-60 所示，结束后单击✅图标。

⑯ 在【模型】选项卡中，单击【镜像】△图标，打开"镜像"对话框，【体】选择"圆角 1（恒定）"，【对称平面】选择"平面 7"，结束后单击✅图标，结果如图 7-61 所示。

图 7-60　建立平面 7

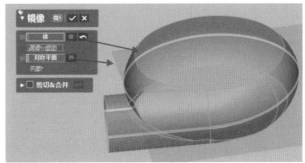

图 7-61　镜像曲面

⑰ 在【模型】选项卡中，单击【放样】▤图标，打开"放样"对话框，【轮廓】选择如图 7-62 所示边线，结束后单击✅图标。

⑱ 在【模型】选项卡中，单击【缝合】◈图标，打开"缝合"对话框，将模型曲面缝合，如图 7-63 所示，结束后单击✅图标。

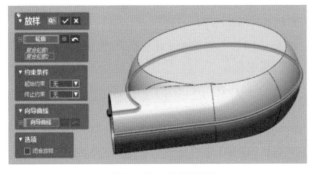

图 7-62　放样曲面

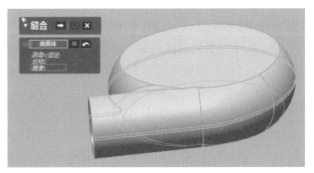

图 7-63　缝合曲面

⑲ 在【模型】选项卡中，单击【面填补】图标，打开"面填补"对话框，【边线】选择圆孔的边线，如图7-64所示，结束后单击✓图标，得到叶轮罩实体模型，如图7-65所示。

7-5 风机机壳建模

图7-64　面填补

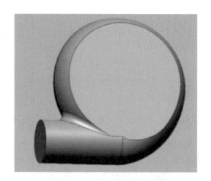

图7-65　叶轮罩实体模型

4. 电机壳建模

① 选择菜单栏中的【领域】选项卡，进入创建领域组工具栏，单击【直线选择模式】◥图标，绘制如图7-66所示领域。

② 在【模型】选项卡中，单击【线】✱图标，打开"线属性"对话框，【要素】选择圆锥领域，【方法】选择【检索圆锥轴】，如图7-67所示，结束后单击✓图标。

③ 在【模型】选项卡中，单击【平面】⊞图标，打开"平面属性"对话框，【方法】选择【选择点和圆锥轴】，【要素】选择"线1"与圆锥上任意一点，如图7-68所示，结束后单击✓图标。

图7-66　绘制领域

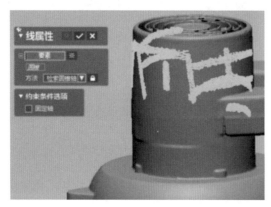

图7-67　添加线1

图7-68　建立平面8

④ 在【草图】选项卡中，单击【面片草图】✅图标，打开"面片草图的设置"对话框，选择【回转投影】，【中心轴】选择"线1"，【基准平面】选择"平面8"，提取圆柱轮廓，单击✓图标，利用【直线】【相交剪切】等命令绘制面片草图，如图7-69所示，绘制完成后退出草图。

⑤ 在【模型】选项卡中，单击【回转】◭图标，打开"回转"对话框，【基准草图】选择"草图7（面片）"，【轴】选择"线1"，如图7-70所示，结束后单击✓图标。

⑥ 在【模型】选项卡中，单击【平面】⊞图标，打开"平面属性"对话框，在手柄两侧建立两平面，【方法】选择【选择多个点】，建立"平面9"与"平面10"，如图7-71所示。

⑦ 在【草图】选项卡中，单击【面片草图】✅图标，打开"面片草图的设置"对话框，【基准平面】选择"平面9"，提取手柄轮廓，单击✓图标，利用【圆弧】【直线】【相交剪切】等命令绘制面片草图，如图7-72所示，绘制完成后退出草图。

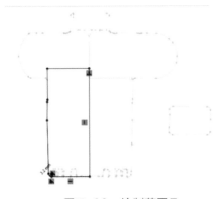

图 7-69　绘制草图 7

图 7-70　回转实体

图 7-71　建立平面 9、10

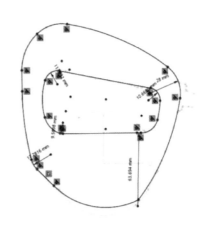

图 7-72　绘制草图 8

⑧ 在【模型】选项卡中，单击【拉伸】▢图标，打开"拉伸"对话框，【基准草图】选择"草图 8（面片）"，【方法】选择【到曲面】，选择"平面 9"，勾选【合并】复选框，如图 7-73 所示，结束后单击☑图标。

⑨ 在【模型】选项卡中，单击【圆角】▢图标，打开"圆角"对话框，选择手柄边线，设置【半径】为"3.5mm"，如图 7-74 所示，结束后单击☑图标。

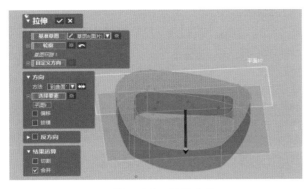

图 7-73　拉伸实体

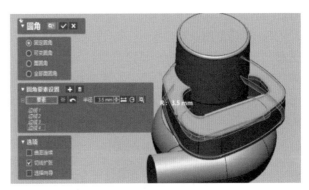

图 7-74　倒圆角

5. 其他细小特征建模

① 在【草图】选项卡中，单击【面片草图】☑图标，打开"面片草图的设置"对话框，【基准平面】选择叶轮罩上部平面，提取圆柱轮廓，如图 7-75 所示，单击☑图标，利用【圆】工具绘制两个同心圆，绘制完成后退出草图。

7-6 风机细节
建模

② 在【模型】选项卡中，单击【拉伸】⬜图标，打开"拉伸"对话框，【基准草图】选择"草图9（面片）"，设置【长度】为"20mm"，勾选【合并】复选框，如图7-76所示，结束后单击✅图标。

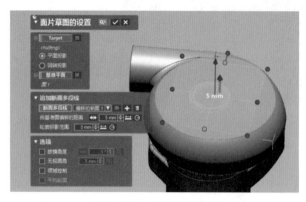

图7-75　提取圆柱轮廓

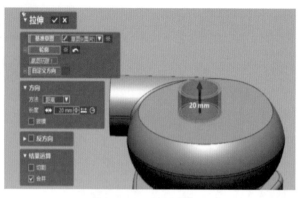

图7-76　拉伸实体

③ 在【草图】选项卡中，单击【面片草图】✎图标，打开"面片草图的设置"对话框，【基准平面】选择圆柱上端平面，设置【由基准面偏移的距离】为"11mm"，如图7-77所示，单击✅图标，利用【直线】等命令绘制如图7-78所示草图，绘制完成后退出草图。

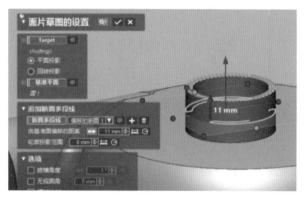

图7-77　提取轮廓

图7-78　绘制草图10

④ 在【模型】选项卡中，单击【拉伸】⬜图标，打开"拉伸"对话框，【基准草图】选择"草图10（面片）"，向下拉伸任意距离，如图7-79所示，结束后单击✅图标。

⑤ 在【草图】选项卡中，单击【面片草图】✎图标，打开"面片草图的设置"对话框，【基准平面】选择"面1"，设置【轮廓投影范围】为"9mm"，如图7-80所示，单击✅图标，利用【直线】【腰形孔】命令绘制如图7-81所示草图，绘制完成后退出草图。

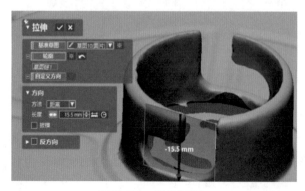

图7-79　拉伸平面

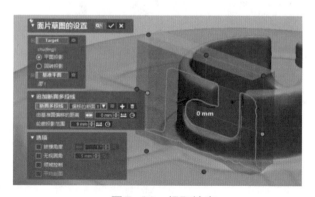

图7-80　提取轮廓

⑥ 在【模型】选项卡中，单击【拉伸】❑图标，打开"拉伸"对话框，【基准草图】选择"草图11（面片）"，勾选【反方向】复选项，两段拉伸至超出模型，如图7-82所示，结束后单击✅图标。

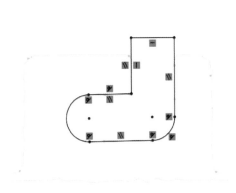

图7-81　绘制草图11

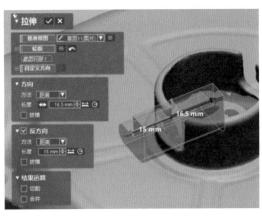

图7-82　拉伸实体

⑦ 在【模型】选项卡中，单击【圆形阵列】∴图标，打开"圆形阵列"对话框，【体】选择"拉伸7"，【回转轴】选择"线1"，【要素数】为"2"，勾选【等间隔】与【用轴回转】复选项，如图7-83所示，结束后单击✅图标。

⑧ 在【模型】选项卡中，单击【布尔运算】图标，打开"布尔运算"对话框，选择【切割】单选项，【工具要素】选择"拉伸7"与"圆形阵列1"，【对象体】选择"拉伸5（合并）"，如图7-84所示，结束后单击✅图标。

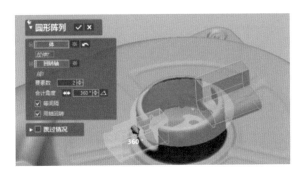

图7-83　圆形阵列

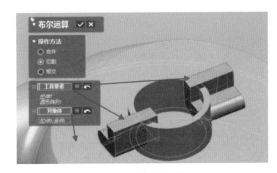

图7-84　布尔运算

⑨ 利用相同的方法绘制出风口的相似特征，并利用【拉伸】等命令绘制其他细小特征，最终效果如图7-85所示。

⑩ 单击【体偏差】图标，上下偏差设置为"0.2mm"，查看模型精度，如图7-86所示，满足逆向设计要求。

图7-85　最终效果

图7-86　体偏差

6. 文件保存与输出

　　文件可以直接保存为软件的默认格式"*.xrl"，也可以输出为"*.stp"格式，可单击【菜单】中的【文件】→【输出】命令，打开"输出"对话框，设置【要素】为建模实体模型，单击 ✅ 图标，在打开的"输出"对话框中，选择要保存的文件类型，如选择"stp"格式，保存文件为"项目7风机外壳（建模数据）.stp"。

项目7
风机外壳
（建模数据）

✦ 任务评价

基本信息	姓名			班级		学号		组别	
	评价方式			□教师评价　□学生互评　□学生自评					
	规定时间			完成时间		考核日期		总评成绩	
考核内容	序号	步骤			完成情况		分值	得分	
					完成	未完成			
	1	课前预习，在线学习基础知识					10		
	2	扫描命令的创建和编辑					10		
	3	扫描精灵命令的创建和编辑					5		
	4	反转法线命令的应用					5		
	5	建模步骤分析					5		
	6	风机外壳的主体结构建模					20		
	7	风机外壳的细节部分建模					15		
	8	严谨细致、科学谨慎的研究精神					5		
	9	团结合作、沟通表达					5		
	10	精益求精、工匠精神					5		
任务反思	1. 在完成任务中遇到了哪些问题？ 2. 你是如何解决上述问题的？ 3. 在本任务中你学到了哪些知识？ （每个问题5分，表达清晰可加1～3分）						15		
教师评语									

任务二　风机外壳 3D 打印

 学习任务单

任务名称	风机外壳 3D 打印
任务描述	基于 SLA 光固化打印机，完成风机外壳模型的切片 [图（a）]、光固化 3D 打印 [图（b）] (a) 模型切片　　　　(b) 光固化3D打印
任务分析	要完成风机外壳光固化 3D 打印，需要针对模型特点完成切片、操作光固化打印机完成模型的打印，并了解 SLA 打印机常见故障及处理方法
成果展示与评价	每组完成一个模型的打印，小组互评后由教师综合评定成绩

基础知识

一、SLA 3D 打印机常见故障及处理方法

SLA 3D 打印机常见故障及处理方法见表 7-1。

表7-1　SLA 3D打印机常见故障及处理

序号	常见故障	原因	解决方法
1	软件中加载零件数据后，点击打印，机器自动打印	① 材料不够或太多。 ② 激光器没有开启或功率不够。 ③ 零件超出机器能打印的范围。 ④ 所加载的零件高度不一致。 ⑤ 支撑的高度低于 5mm。	① 更换材料。 ② 调整激光器设置。 ③ 按照打印范围，调整零件尺寸。 ④ 重修设定零件高度不一致。 ⑤ 重新设计支撑的高度。
2	树脂无法固化成型	① 激光功率过小。 ② 激光被遮挡。	① 利用软件中的测量激光功率功能，观察激光功率参数大小，如果数值低于限定数值，按照设备要求调整数值。 ② 调节光路上的反光镜，任选一个光路板上的反光镜，微旋转反光镜上的调节螺母，并观察光斑变化，确定调节螺母旋转方向。若调节无作用，则旋转其他调节螺母进行调节，直至光斑近似圆形。

续表

序号	常见故障	原因	解决方法
3	零件底部出现脱皮	① 树脂湿度过大。 ② 液面略低。 ③ 激光功率过小。	① 检测机房空气湿度,开启除湿机,将室内湿度控制在要求的湿度范围内。 ② 调节液面高度到要求的高度。 ③ 调节激光功率到适当位置。
4	表面粗糙	① 零件支撑软,刮板刮动时产品有移动。 ② 产品较高时,支撑少,刮板刮动时,产品跟着摇摆。 ③ 网板松动。	① 降低支撑打印速度。 ② 增加支撑,加强支撑强度。 ③ 检查网板的螺钉是否松动。
5	打印的零件软	① 扫描速度太快。 ② 功率低。 ③ 扫描间距大。	① 降扫描速度。 ② 增加功率。 ③ 减少扫描间距。
6	薄壁零件软,厚零件正常	零件固化后的等待时间不够。	零件做完后,等待 20~30min 取出,快速在清洗剂中清洗,在固化箱进行固化。

二、SLA 3D打印机维护保养注意事项

① 取零件时,树脂容易滴到机器上,导致脏污,应每日擦拭一次成型室的内表面。

② 保持外观清洁,应每日擦拭一次。

③ 刮板平台上的碎支撑物等,应每次打印完零件后清理一次。

④ 刮板下粘有东西时,在刮动过程中会撞到零件,应每周对刮板底面检查一次。

⑤ 激光功率应每周检查一次,

⑥ 激光光斑应每周检查一次。

⑦ 机器的水平度可能会发生变化,应使用水平仪每季度检查一次。

⑧ 各导轨丝杠上需要加润滑油,应每季度加一次。

✿ 任务实施

一、风机外壳模型切片

『步骤1』导入数据。

打开 Materialise Magics 软件,单击左上角【文件】菜单,选择【加载】选项,单击【导入零件】图标,如图7-87所示,选择"项目7打印数据"文件。

『步骤2』处理模型。

① 单击菜单栏中【修复】选项卡,单击【修复向导】命令,打开"修复向导"对话框,对模型错误进行修复。单击【诊断】图标,单击【更新】图标,查看错误信息,如图7-88

项目 7
打印数据

图7-87 导入数据

所示。

② 单击【综合修复】图标，选择【自动修复】图标，如图7-89所示，对模型错误进行修复，修复完成后再次单击【诊断】图标，修复后所有问题应为"0"，若有无法自动修复的错误，需对具体问题进行手动修复。

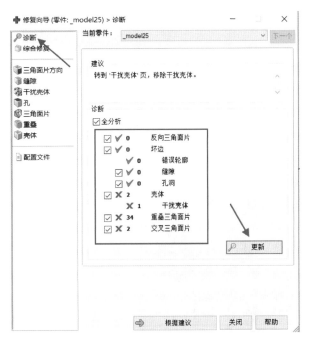

图7-88　诊断错误

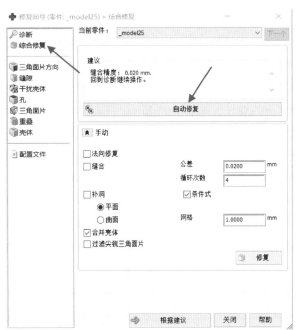

图7-89　修复错误

7-7 风机切片

③ 选择【工具】选项卡，选择【镂空零件】命令，打开"抽壳零件"对话框，对模型进行抽壳处理，【壁厚】设置为"2.5mm"，【细节尺寸】设置为"2mm"，如图7-90所示，完成后单击【确认】图标。

④ 选择【工具】选项卡，选择【打孔】命令，打开"打孔"对话框，对模型进行打孔处理，选择【添加】，在风机外壳底部、把手上打孔，孔半径设置为"4mm"，如图7-91所示，完成后单击【应用】。

图7-90　抽壳零件

图7-91　打孔

『步骤3』摆放模型。

① 单击菜单栏中【加工准备】选项卡，单击【新平台】命令，打开"选择机器"对话框，机器选择"SL550"，建立打印平台，如图7-92所示。

② 单击菜单栏中【加工准备】选项卡，单击【加载零件到视图】命令，打开"添加零件到平台"对话框，将模型导入平台内。

③ 单击菜单栏中【工具】选项卡，单击【旋转】命令，打开"旋转"对话框，对"X""Y"轴进行"20°"的旋转，如图7-93所示。

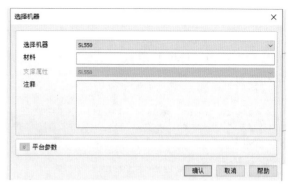

图7-92　新建平台

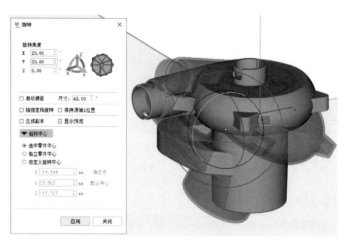

图7-93　旋转模型

④ 单击菜单栏中【加工准备】选项卡，单击【自动摆放】命令，打开"自动摆放"对话框，选择【平台中心】单选项，如图7-94所示。

『步骤4』导出文件。

① 单击菜单栏中【加工准备】选项卡，单击【导出平台】命令，打开"导出平台：SL550"对话框，导出切片文件，如图7-95所示，同时软件会自动生成支撑，如图7-96所示。

② 导出4个文件，如图7-97所示，完成切片。

图7-94　摆放模型

图7-95　导出文件

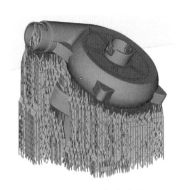

名称

＾

2024-04-01_3_Lenovo_SL550.magics

eStage_log.xml

hollow_of_fengji_Rescaled(0.7).slc

s_eStageMergedPart.slc

图 7-96　生成支撑　　　　　　　　　　　　　图 7-97　导出结果

二、风机外壳模型 3D 打印

『步骤1』设备启动。

① 旋转按钮，启动设备。

② 依次按动面板下方未亮的四个按钮，如图7-98所示。

③ 打开设备右下角激光器设备箱，启动激光器，如图7-99所示。

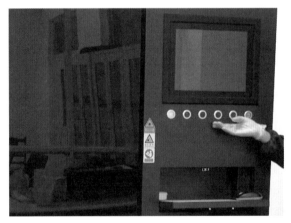

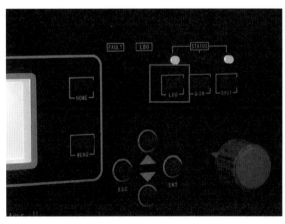

图 7-98　设备启动　　　　　　　　　　　　　图 7-99　启动激光器

『步骤2』导入文件。

① 待设备温度达到设置温度后，启动打印机软件，单击【添加】图标，导入切片文件，如图7-100所示，打印文件为切片阶段导出的两个后缀为".slc"的文件。

② 单击菜单栏【打印】图标，从零层开始打印，如图7-101所示。

图 7-100　导入切片文件　　　　　　　　　　图 7-101　开始打印

三、打印风机外壳模型后处理

『步骤1』取下打印零件。待打印完成、设备停止工作后，利用金属铲，将模型从打印平台上取下。

『步骤2』去除支撑。利用尖嘴钳将支撑等多余材料从模型上去除。

『步骤3』清洗模型。将打印模型浸泡到酒精里，利用毛刷将表面残留的树脂清洗掉。

『步骤4』二次固化模型。将打印模型放入固化箱，将表面未完全固化的树脂进行二次固化，固化箱定时 15min。

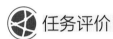 **任务评价**

基本信息	姓名		班级		学号		组别	
	评价方式			□教师评价　□学生互评　□学生自评				
	规定时间		完成时间		考核日期		总评成绩	

考核内容	序号	步骤	完成情况		分值	得分
			完成	未完成		
	1	课前预习，在线学习基础知识			10	
	2	SLA 3D 打印机常见故障及处理			15	
	3	SLA 3D 打印机的维护保养			10	
	4	风机外壳模型切片			15	
	5	风机外壳模型的 3D 打印			20	
	6	团队协作、沟通表达			7	
	7	精益求精、工匠精神			8	
任务反思	1. 在完成任务中遇到了哪些问题？ 2. 你是如何解决上述问题的？ 3. 在本任务中你学到了哪些知识？ （每个问题 5 分，表达清晰可加 1～3 分）				15	
教师评语						

项目小结

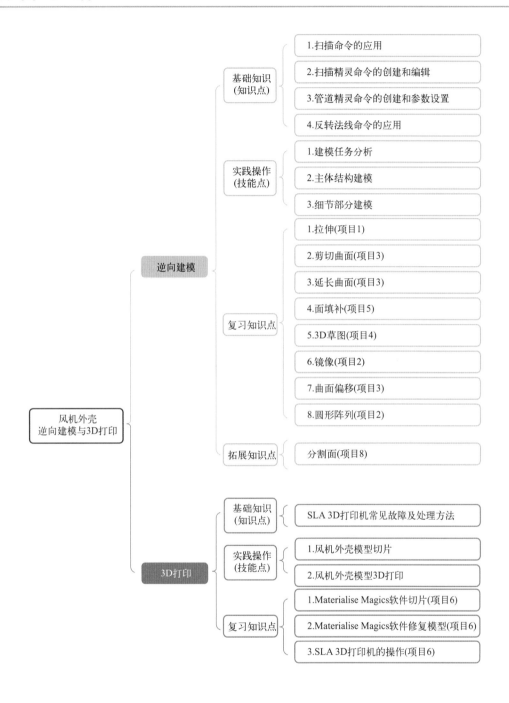

逆向建模
- 基础知识(知识点)
  - 1.扫描命令的应用
  - 2.扫描精灵命令的创建和编辑
  - 3.管道精灵命令的创建和参数设置
  - 4.反转法线命令的应用
- 实践操作(技能点)
  - 1.建模任务分析
  - 2.主体结构建模
  - 3.细节部分建模
- 复习知识点
  - 1.拉伸(项目1)
  - 2.剪切曲面(项目3)
  - 3.延长曲面(项目3)
  - 4.面填补(项目5)
  - 5.3D草图(项目4)
  - 6.镜像(项目2)
  - 7.曲面偏移(项目3)
  - 8.圆形阵列(项目2)
- 拓展知识点
  - 分割面(项目8)

风机外壳逆向建模与3D打印

3D打印
- 基础知识(知识点)
  - SLA 3D打印机常见故障及处理方法
- 实践操作(技能点)
  - 1.风机外壳模型切片
  - 2.风机外壳模型3D打印
- 复习知识点
  - 1.Materialise Magics软件切片(项目6)
  - 2.Materialise Magics软件修复模型(项目6)
  - 3.SLA 3D打印机的操作(项目6)

拓展练习

一、简答题

1.简述SLA 3D打印机主要故障和处理方法。

2.简述风机外壳的打印流程。

二、操作题

1. 完成题图7-1车门把手模型的逆向设计和3D打印（逆向设计精度 ±0.2mm）。

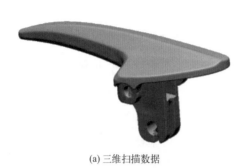

（a）三维扫描数据

（b）逆向建模模型

题图7-1　车门把手

2. 完成题图7-2泵体底座模型的逆向设计和3D打印（逆向设计精度 ±0.2mm）。

（a）三维扫描数据

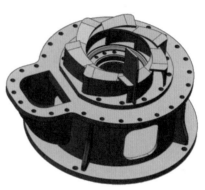

（b）逆向建模模型

题图7-2　泵体底座

项目八
挡泥板壳体逆向建模与3D打印

　　本项目通过挡泥板的逆向建模学习放样、面片拟合、面填补、剪切曲面等与曲面相关的命令；学习删除面、删除体和分割面命令的特点和各种参数的含义；学习Materialise Magics软件的网格修复、模型切片功能，基本掌握SLA工艺的打印流程。

◉ **知识目标**

1. 熟悉分割面命令的应用。
2. 掌握删除面命令的应用。
3. 熟悉删除体命令的应用。
4. 掌握SLA工艺的打印流程。

◉ **技能目标**

1. 能完成挡泥板壳体的逆向建模。
2. 能完成挡泥板壳体模型的光固化3D打印。

◉ **素质目标**

1. 任劳任怨的劳动精神。
2. 爱党爱国、民族自豪感。
3. 团结合作、沟通表达。

任务一　挡泥板壳体逆向建模

 学习任务单

任务名称	挡泥板壳体逆向建模
任务描述	根据丢失设计数据的挡泥板实物 [图（a）]，利用三维扫描仪获得三维扫描数据 [图（b）]，利用 Geomagic Design X 软件重获原始设计数据 [图（c）] 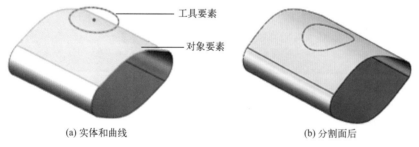 (a) 挡泥板外壳实物　　　　(b) 三维扫描数据　　　　(c) 逆向设计模型
任务分析	挡泥板属于典型的曲面类零件，其逆向建模划分为划分领域组、放样、面片拟合、剪切曲面、镜像等。首先绘制挡泥板主体结构，其次绘制细节部分，最后对绘制完成的模型进行精度检测
成果展示与评价	各组每个成员均要完成挡泥板的逆向建模，小组间利用软件中的精度分析命令开展互评，最后由教师综合评定成绩

 基础知识

一、分割面

1.功能

【分割面】命令是使用投影、轮廓投影和相交方法分割目标面，如图8-1所示。

工具要素

对象要素

(a) 实体和曲线　　　　　　　(b) 分割面后

图8-1　分割面

2.参数

在【模型】选项卡【体/面】组中，单击【分割面】图标，打开"分割面"对话框，如图8-2所示。

【投影】：当工具实体是 2D 曲线时，草图的法线方向即为投影方向；如果工具实体是 3D 曲线，面的法线方向为投影方向。如图8-3所示。

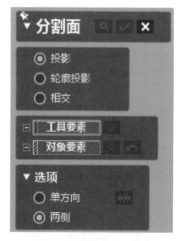

图8-2　"分割面"对话框

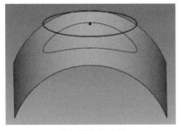

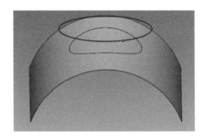

(a) 2D曲线分割　　　　　　　　　　　　　　(b) 3D曲线分割

图8-3　投影方法

【轮廓投影】：沿拉伸方向使用轮廓线分割目标实体，如图8-4所示。

【相交】：用目标实体与其他面的相交线来分割目标实体，如图8-5所示。

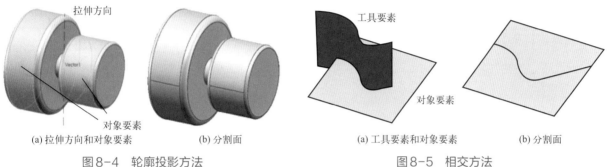

(a) 拉伸方向和对象要素　　　　(b) 分割面　　　　　　(a) 工具要素和对象要素　　　　(b) 分割面

图8-4　轮廓投影方法　　　　　　　　　　　　　图8-5　相交方法

二、删除面

1.功能

【删除面】命令用于删除实体或曲面体上的面，如图8-6所示。

2.参数

在【模型】选项卡中【体/面】组中，单击【删除面】🗊 图标，打开"删除面"对话框，如图8-7所示。

【删除】：删除选定的面，如图8-8所示。

图8-6　删除面　　　　　　　　　　图8-7　"删除面"对话框

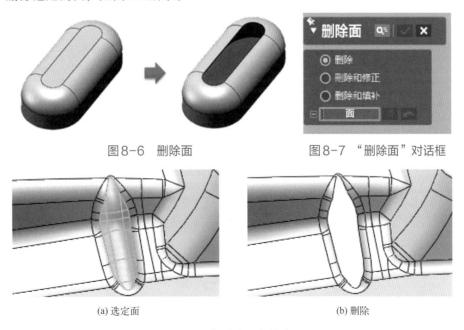

(a) 选定面　　　　　　　　　　　　　　(b) 删除

图8-8　【删除面】单选项

【删除和修正】：删除选定的面并自动修补，如图 8-9 所示。

【删除和填补】：删除选定的面，用一个面替换并消除间隙，如图 8-10 所示。

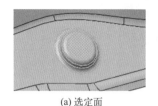

(a) 选定面   (b) 删除与修补

图 8-9 【删除和修正】单选项

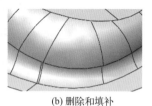

(a) 选定面   (b) 删除和填补

图 8-10 【删除和填补】单选项

三、删除体

1.功能

【删除体】命令可用于删除实体特征或实体上的曲面，如图 8-11 所示。

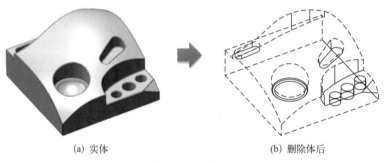

(a) 实体   (b) 删除体后

图 8-11 删除体

图 8-12 "删除体"对话框

2.参数

在【模型】选项卡【体/面】组中，单击【删除体】⊠图标，打开"删除体"对话框，如图 8-12 所示。选择要删除的实体后，单击确定☑图标。

 任务实施

一、数据采集

8-1 挡泥板数据采集

模型：挡泥板壳体实物如图 8-13（a）所示。

扫描设备：手持三维扫描仪如图 8-13（b）所示。

扫描模型：扫描数据如图 8-13（c）所示。

(a) 挡泥板壳体实物   (b) 三维扫描仪   (c) 挡泥板壳体扫描数据

图 8-13 挡泥板模型

二、建模步骤

挡泥板壳体的逆向建模过程主要包括划分领域组、绘制主体结构曲面、绘制细节特征等几个部分。逆向建模流程如图8-14所示。

图8-14　逆向建模流程

1.手动分割领域组

『步骤1』导入数据。

选择菜单栏中的【插入】→【导入】命令，打开"导入"对话框，导入"项目8扫描数据.stl"数据文件，或直接把模型拖到绘图区。

『步骤2』手动划分领域组，如图8-15所示。

① 选择菜单栏中的【领域】选项卡，进入创建领域组工具栏。

② 单击【直线选择模式】图标，绘制如图8-15所示领域。

③ 单击【插入】图标，插入领域组。

④ 用相同方法建立领域组，如图8-16、图8-17所示。

项目 8
扫描数据

8-2 挡泥板对
齐坐标

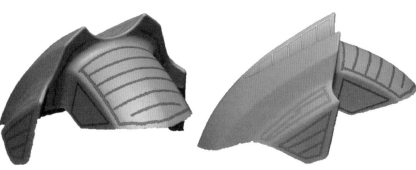

图8-15　手动划分领域组　　　　图8-16　建立领域组（1）　　　　图8-17　建立领域组（2）

2.对齐基准坐标

『步骤1』创建基准平面。

① 在【模型】选项卡中，单击【平面】图标，打开"追加平面"对话框。

② 在"追加平面"对话框中，【要素】选择模型侧面的平面领域，【方法】选择【提取】，如图8-18所示。

③ 选择结束后单击图标，完成创建基准平面操作。

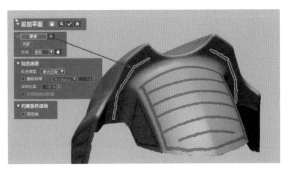

图8-18　建立基准平面

『步骤2』创建镜像平面。

① 在【模型】选项卡中，单击【平面】田图标，打开"追加平面"对话框。

② 在"追加平面"对话框中，【方法】选择【绘制直线】，在接近镜像平面处绘制直线，如图8-19所示。

③ 选择结束后单击☑图标，完成绘制直线操作。

④ 在【模型】选项卡中，单击【平面】田图标，打开"追加平面"对话框。

⑤ 在"追加平面"对话框中，【要素】选择点云与"平面2"，【方法】选择【镜像】，如图8-20所示，选择结束后单击☑图标，完成创建镜像平面操作。

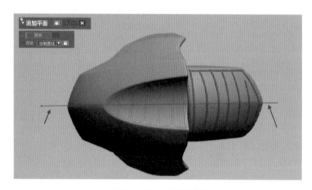

图8-19　绘制直线

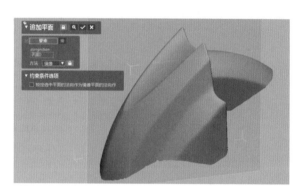

图8-20　建立镜像平面

『步骤3』对齐基准坐标。

① 在【对齐】选项卡中，单击【手动对齐】图标，打开"手动对齐"初始对话框，选择【下一阶段】图标，进入"手动对齐"对话框。

② 在"手动对齐"对话框中，【移动】选择【3-2-1】，【面】选择"平面1"，【线】选择"平面1"与"平面3"。

③ 单击☑图标，完成对齐基准坐标操作。

④ 删除【树】中【领域组】以下的全部操作，对齐结果如图8-21所示。

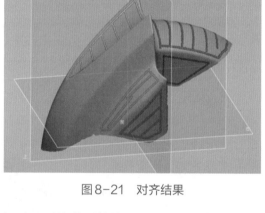

图8-21　对齐结果

8-3 挡泥板主体建模

3. 主体建模

① 在【草图】选项卡中，单击【面片草图】图标，打开"面片草图的设置"对话框，【基准平面】选择"上"，设置【由基准面偏移的距离】为"0mm"，【轮廓投影范围】设置为"200mm"，结束后单击☑图标，如图8-22所示，利用【圆弧】等命令绘制面片草图，如图8-23所示，绘制完成后退出草图。

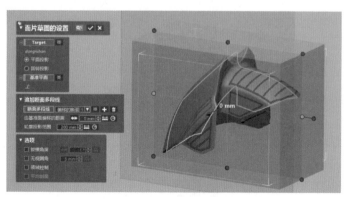

图8-22　面片草图

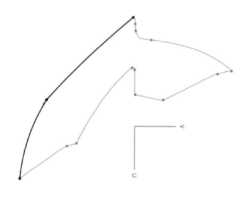

图8-23　绘制草图

② 在【模型】选项卡中，单击【平面】⊞图标，打开"追加平面"对话框，【要素】选择"曲线 1"和"曲线 2"，【方法】选择【N 等分】，【分割】选择【平均】，设置【数量】为"10"，如图 8-24 所示，选择结束后单击✅图标。

③ 在【草图】选项卡中，单击【面片草图】✎图标，打开"面片草图的设置"对话框，【基准平面】选择"平面 9"，设置【由基准面偏移的距离】为"0mm"，结束后单击✅图标，利用【圆弧】【相交剪切】等命令绘制面片草图，如图 8-25 所示，绘制完成后退出草图。利用相同的方法在"平面 2"至"平面8"上绘制草图，如图 8-26 所示。

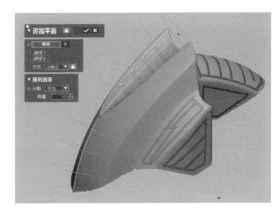

图 8-24　追加平面

图 8-25　绘制草图 2

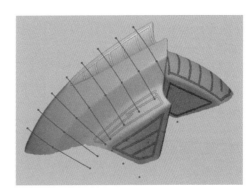

图 8-26　绘制草图 3

④ 在【模型】选项卡中，单击【平面】⊞图标，打开"追加平面"对话框，【要素】选择"平面 10"，【方法】选择【偏移】，设置【数量】为"1"、【距离】为"-10mm"，如图 8-27 所示，结束后单击✅图标。

⑤ 在【草图】选项卡中，单击【面片草图】✎图标，打开"面片草图的设置"对话框，【基准平面】选择"平面 11"，设置【由基准面偏移的距离】为"0mm"，结束后单击✅图标，利用【圆弧】【相交剪切】等命令绘制面片草图，如图 8-28 所示，绘制完成后退出草图。

⑥ 在【模型】选项卡中，单击【放样】🗑图标，打开【放样】对话框，【轮廓】依次选择草图，如图8-29 所示，结束后单击✅图标。

⑦ 在【模型】选项卡中，单击【延长曲面】◈图标，打开"延长曲面"对话框，【边线/面】选择曲面两端边线，设置【距离】为"50mm"，单击✅图标，如图 8-30 所示。

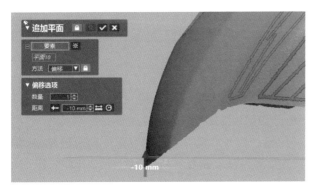

图 8-27　偏移平面

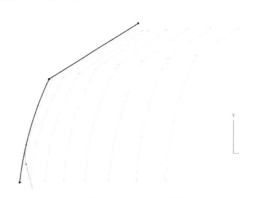

图 8-28　绘制草图 4

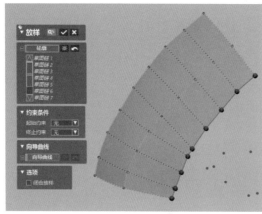

图8-29　放样曲面

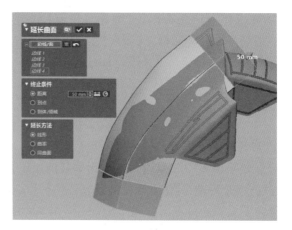

图8-30　延长曲面

⑧ 在【模型】选项卡中，单击【面片拟合】 图标，打开"面片拟合"对话框，【领域】选择顶部领域，【分辨率】选择【控制点数】，设置【U控制点数】为"10"、【V控制点数】为"10"，结束后单击✔图标，如图 8-31 所示。

⑨ 在【模型】选项卡中，单击【面片拟合】 图标，打开"面片拟合"对话框，【领域】选择顶部领域，【分辨率】选择【控制点数】，设置【U控制点数】为"5"、【V控制点数】为"5"，结束后单击✔图标，如图 8-32 所示。

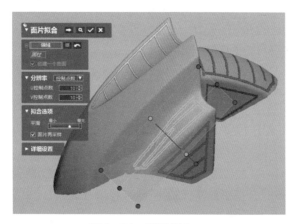

图8-31　面片拟合

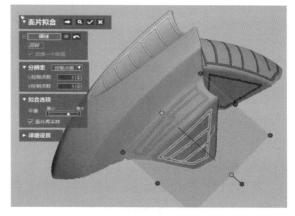

图8-32　面片拟合

⑩ 在【模型】选项卡中，单击【剪切曲面】 图标，打开"剪切曲面"对话框，【工具要素】选择"放样1""面片拟合1""面片拟合2"，选择【下一阶段】 图标，【残留体】选择如图 8-33 所示区域，结束后单击✔图标。

⑪ 在【草图】选项卡中，单击【面片草图】 图标，打开"面片草图的设置"对话框，【基准平面】选择"右"，设置【由基准面偏移的距离】为"65mm"，如图 8-34 所示，结束后单击✔图标，利用【直线】【相交剪切】等命令绘制面片草图，如图 8-35 所示，完成后退出草图。

⑫ 在【模型】选项卡中，单击【拉伸】 图标，打开"拉伸"对话框，【基准草图】选择"草图11（面片）"，【方法】选择【距离】，设置【长度】为"205mm"，勾选【反方向】复选框，【方法】选择【距离】，设置【长度】为"75mm"，结束后单击✔图标，如图 8-36 所示。

⑬ 在【草图】选项卡中，单击【面片草图】 图标，打开"面片草图的设置"对话框，【基准平面】选择"上"，设置【由基准面偏移的距离】为"0"、【轮廓投影范围】为"278mm"，如图 8-37 所示，结束后单击✔图标，利用【直线】【圆弧】【相交剪切】等命令绘制面片草图，如图 8-38 所示，绘制完成后退出草图。

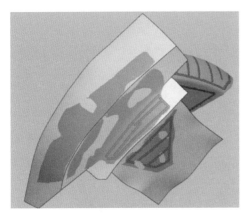

图 8-33　剪切曲面

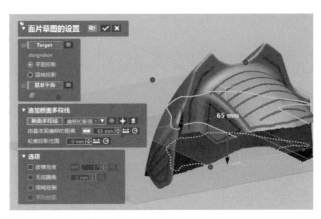

图 8-34　建立面片草图

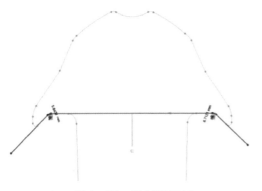

图 8-35　绘制草图 11

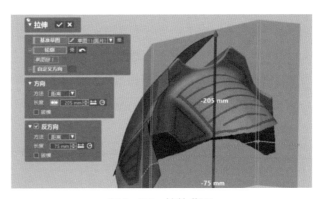

图 8-36　拉伸曲面

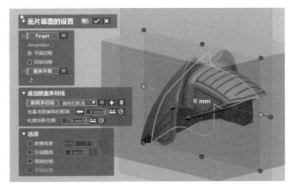

图 8-37　建立面片草图

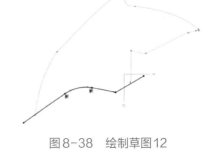

图 8-38　绘制草图 12

⑭ 在【模型】选项卡中，单击【拉伸】⬀ 图标，打开"拉伸"对话框，【基准草图】选择"草图12（面片）"，【方法】选择【距离】，设置【长度】为"205"mm，勾选【反方向】复选框，【方法】选择【距离】，设置【长度】为"205mm"，结束后单击 ✅ 图标，如图 8-39 所示。

⑮ 在【模型】选项卡中，单击【放样向导】⬚ 图标，打开"放样向导"对话框，【领域/单元面】选择如图 8-40 所示领域，【路径】选择【平面】，选择【断面数】，数量为"10"，【轮廓类型】选择【3D 草图】，

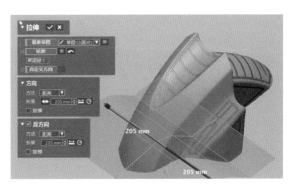

图 8-39　拉伸曲面

结束后单击✅图标，结果如图8-41所示。

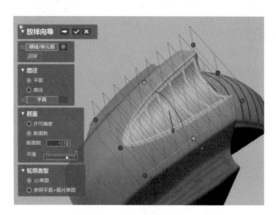

图8-40　放样向导

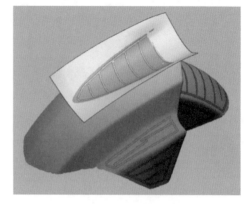

图8-41　放样向导结果

⑯ 在【模型】选项卡中，单击【镜像】⚠图标，打开"镜像"对话框，【体】选择"剪切曲面1"，【对称平面】选择"上"，结束后单击✅图标，如图8-42所示。

⑰ 在【模型】选项卡中，单击【剪切曲面】◈图标，打开"剪切曲面"对话框，【工具要素】选择"剪切曲面1""拉伸1""放样2""镜像1""拉伸2"，选择【下一阶段】➡图标，【残留体】选择如图8-43所示，结束后单击✅图标。

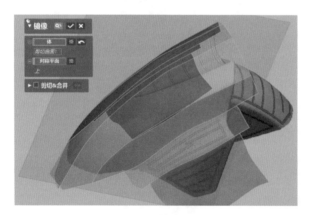

图8-42　镜像平面

图8-43　剪切曲面

4.尾部建模

① 在【草图】选项卡中，单击【草图】✎图标，打开"设置草图"对话框，【基准平面】选择如图8-44所示平面领域，利用【矩形】命令绘制草图，如图8-45所示，绘制完成后退出草图。

8-4 挡泥板尾部建模

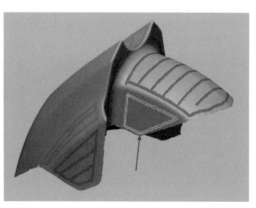

图8-44　建立草图

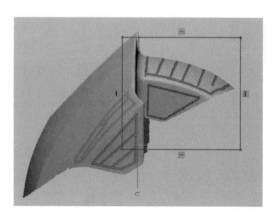

图8-45　绘制草图13

② 在【模型】选项卡中，单击【面填补】✏图标，打开"面填补"对话框，【边线】选择矩形四条边，如图8-46所示，结束后单击☑图标。

③ 在【模型】选项卡中，单击【镜像】◢图标，打开"镜像"对话框，【体】选择"面填补1"，【对称平面】选择"上"，结束后单击☑图标，如图8-47所示。

图8-46　面填补

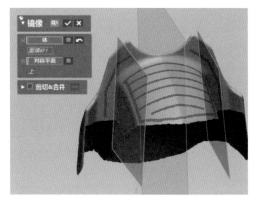

图8-47　镜像曲面

④ 在【模型】选项卡中，单击【放样向导】▣图标，打开"放样向导"对话框，【领域/单元面】选择如图8-48领域，【路径】选择【平面】，选择【断面数】，数量为"10"，【轮廓类型】选择【3D草图】，结束后单击☑图标，结果如图8-49所示。

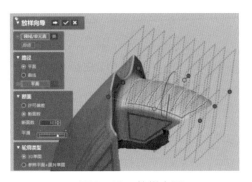

图8-48　放样向导

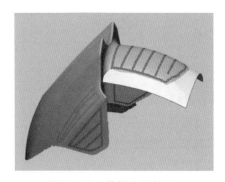

图8-49　放样向导结果

⑤ 在【草图】选项卡中，单击【面片草图】✑图标，打开"面片草图的设置"对话框，【基准平面】选择"上"，设置【由基准面偏移的距离】为"0mm"、【轮廓投影范围】为"177mm"，如图8-50所示，结束后单击☑图标，利用【直线】【圆弧】【相交剪切】等命令绘制面片草图，如图8-51所示，绘制完成后退出草图。

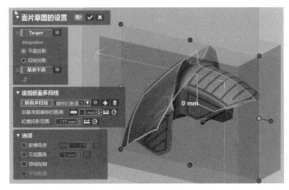

图8-50　建立面片草图

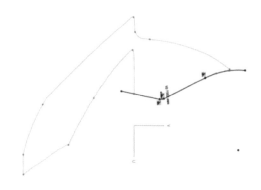

图8-51　绘制草图14

⑥ 在【模型】选项卡中，单击【拉伸】图标，打开"拉伸"对话框，【基准草图】选择"草图14（面片）"，【方法】选择【距离】，设置【长度】为"100mm"，勾选【反方向】复选框，【方法】选择【距离】，设置【长度】为"100mm"，结束后单击图标，如图8-52所示。

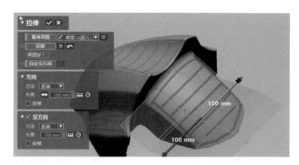

图8-52　拉伸曲面

⑦ 在【模型】选项卡中，单击【剪切曲面】图标，打开"剪切曲面"对话框，【工具要素】选择"面填补1""放样3""拉伸3""镜像2"，选择【下一阶段】图标，【残留体】选择如图8-53所示区域，结束后单击图标。

⑧ 在【模型】选项卡中，单击【剪切曲面】图标，打开"剪切曲面"对话框，【工具要素】选择"剪切曲面2""剪切曲面3"，选择【下一阶段】图标，【残留体】选择如图8-54所示区域，结束后单击图标。

8-5 挡泥板细节建模

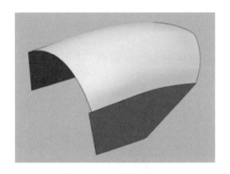

图8-53　剪切曲面

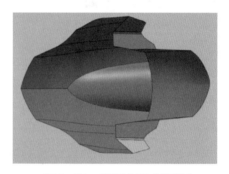

图8-54　剪切曲面（底部）

5. 细节建模

① 在【模型】选项卡中，单击【平面】图标，打开"追加平面"对话框，【要素】选择如图8-55所示两条边线，【方法】选择【提取】，结束后单击图标。

② 在【模型】选项卡中，单击【分割面】图标，打开"分割面"对话框，选择【相交】，【工具要素】选择"平面12"，【对象要素】选择如图8-56所示高亮区域曲面，结束后单击图标。

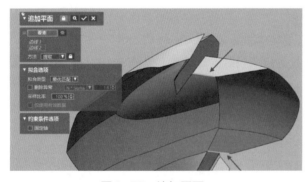

图8-55　追加平面

图8-56　分割面

③ 在【模型】选项卡中，单击【删除面】图标，打开"删除面"对话框，选择【删除】单选项，【面】选择如图8-57所示高亮区域曲面，结束后单击图标。

④ 在【模型】选项卡中，单击【圆角】图标，利用【圆角】命令将转角处进行倒圆角处理，如图8-58、图8-59所示。

⑤ 在【模型】选项卡中，单击【赋厚曲面】图标，打开"赋厚曲面"对话框，【体】选择"圆角8

（恒定）"，设置【厚度】为"1mm"，【方向】选择【方向2】，如图8-60所示，结束后单击✅图标，绘制结果如图8-61所示。

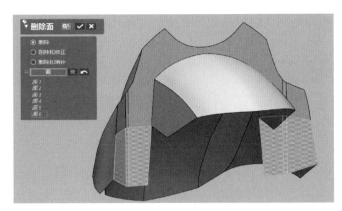

图8-57　删除面

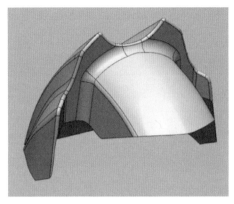

图8-58　圆角1

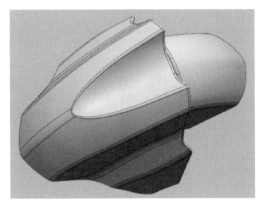

图8-59　圆角2

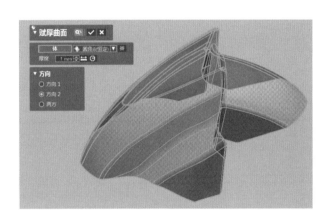

图8-60　赋厚曲面

⑥　单击【体偏差】▢图标，上下偏差设置为"0.2mm"，查看模型精度，如图8-62所示，满足逆向设计要求。

图8-61　最终模型

图8-62　体偏差

项目 8
挡泥板
（建模数据）

6. 文件保存与输出

文件可以直接保存为软件的默认格式"*.xrl"，也可以输出为"*.stp"格式，可单击【菜单】中的【文件】→【输出】命令，打开"输出"对话框，设置【要素】为建模实体模型，单击✅图标，在打开的"输出"对话框中，选择要保存的文件类型，如选择"stp"格式，保存文件为"项目8挡泥板（建模数据）.stp"。

任务评价

基本信息	姓名			班级		学号		组别	
	评价方式			□教师评价　□学生互评　□学生自评					
	规定 时间			完成 时间		考核 日期		总评 成绩	

考核内容	序号	步骤	完成情况		分值	得分
			完成	未完成		
	1	课前预习，在线学习基础知识			10	
	2	分割面命令的应用			5	
	3	删除面命令的应用			5	
	4	删除体命令的应用			10	
	5	挡泥板的主体结构建模			25	
	6	挡泥板的细节部分建模			15	
	7	团队协作、沟通表达			7	
	8	任劳任怨的劳动精神			8	

任务反思	1.在完成任务中遇到了哪些问题？ 2.你是如何解决上述问题的？ 3.在本任务中你学到了哪些知识？ （每个问题 5 分，表达清晰可加 1～3 分）	15
教师评语		

任务二　挡泥板壳体 3D 打印

学习任务单

任务名称	挡泥板壳体 3D 打印
任务描述	基于 SLA 3D 打印机，完成挡泥板壳体模型切片 [图（a）]、SLA 3D 打印 [图（b）]，并对打印模型进行后处理 （a）模型切片　　　　　（b）SLA 3D打印
任务分析	要完成挡泥板模型的 3D 打印，需要针对模型特点利用切片软件完成切片，操作 SLA 3D 打印机完成模型的打印，并对模型进行后处理
成果展示与评价	每组完成一个模型的打印，小组互评后由教师综合评定成绩

任务实施

一、挡泥板壳体模型切片

利用 Materialise Magics 切片软件完成挡泥板壳体模型切片。

『步骤1』导入数据。

打开 Materialise Magics 软件，单击左上角【文件】菜单栏，选择【加载】选择，单击【导入零件】图标，如图 8-63 所示，选择"项目8打印数据"文件。

图8-63　导入数据

项目 8
打印数据

8-6 挡泥板
切片

『步骤2』处理模型。

① 单击菜单栏中【修复】选项卡，单击【修复向导】命令，打开"修复向导"对话框，对模型错误进行修复。单击【诊断】图标，单击【更新】查看错误信息，如图 8-64 所示。

② 单击【综合修复】图标，选择【自动修复】，如图 8-65 所示。对模型错误进行修复，修复完成后再次单击【诊断】图标，修复后所有问题应为"0"，若有无法自动修复的错误，需对具体问题进行手动修复。

图8-64　错误诊断

图8-65　错误修复

『步骤3』摆放模型。

① 单击菜单栏中【加工准备】选项卡，单击【新平台】命令，打开"选择机器"对话框，机器选择"SL550"，建立打印平台，如图 8-66 所示。

② 单击菜单栏中【加工准备】选项卡，单击【加载零件到视图】命令，打开"添加零件到平台"对话框，将模型导入平台内。

③ 单击菜单栏中【工具】选项卡，单击【旋转】命令，打开"旋转"对话框，对"X""Y"轴进行旋转，如图 8-67 所示。

④ 单击菜单栏中【加工准备】选项卡，单击

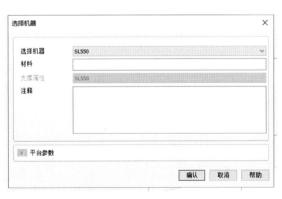

图8-66　新建平台

【自动摆放】命令，打开"自动摆放"对话框，选择【平台中心】单选项，如图 8-68 所示。

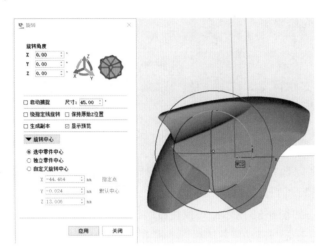

图 8-67　旋转模型　　　　　　　　　　　　　图 8-68　摆放模型

『步骤 4』导出文件。

① 单击菜单栏中【加工准备】选项卡，单击【导出平台】命令，打开"导出平台：SL550"对话框，导出切片文件，如图 8-69 所示，同时软件会自动生成支撑，如图 8-70 所示。

② 导出 4 个文件，如图 8-71 所示，完成切片。

图 8-70　生成支撑

名称

 2024-04-01_2_Lenovo_SL550.magics
 dangniban.slc
 eStage_log.xml
 s_eStageMergedPart.slc

图 8-71　导出结果

图 8-69　导出文件

二、挡泥板壳体模型 3D 打印

『步骤 1』启动设备。

① 旋转按钮，启动设备。

② 依次按动面板下方未亮的四个按钮，如图8-72所示。

③ 打开设备右下角激光器设备箱，启动激光器，如图8-73所示。

图8-72　设备启动

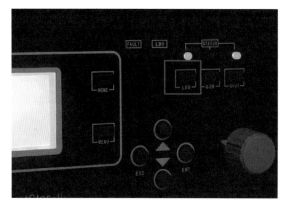

图8-73　启动激光控制器

『步骤2』导入文件。

① 待设备温度达到设置温度后，启动打印机软件，单击【添加】图标，导入切片文件，如图8-74所示，打印文件为切片阶段导出的两个后缀为".slc"的文件。

② 单击菜单栏【打印】图标，从零层开始打印，如图8-75所示。

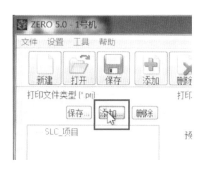

图8-74　导入切片文件

图8-75　开始打印

三、打印挡泥板壳体模型后处理

『步骤1』取下打印零件。待打印完成、设备停止工作后，利用金属铲，将模型从打印平台上取下，如图8-76所示。

『步骤2』去除支撑。利用尖嘴钳将支撑等多余材料从模型上去除。

『步骤3』清洗模型。将打印模型浸泡到酒精里，利用毛刷将模型表面残留的树脂清洗掉。

『步骤4』二次固化模型。将打印模型放入固化箱，将表面未完全固化的树脂进行二次固化，固化箱定时15min。

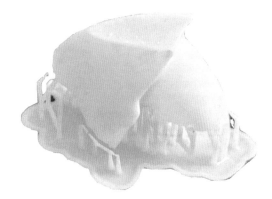

图8-76　打印模型

任务评价

基本信息	姓名			班级		学号		组别	
	评价方式				□教师评价　□学生互评　□学生自评				
	规定时间			完成时间		考核日期		总评成绩	
考核内容	序号	步骤			完成情况		分值	得分	
					完成	未完成			
	1	课前预习，在线学习基础知识					10		
	2	挡泥板壳体模型切片					25		
	3	挡泥板壳体模型的 3D 打印					30		
	4	团队协作、沟通表达					10		
	5	爱党爱国、民族自豪感					10		
任务反思	1. 在完成任务中遇到了哪些问题？ 2. 你是如何解决上述问题的？ 3. 在本任务中你学到了哪些知识？ （每个问题 5 分，表达清晰可加 1～3 分）						15		
教师评语									

项目小结

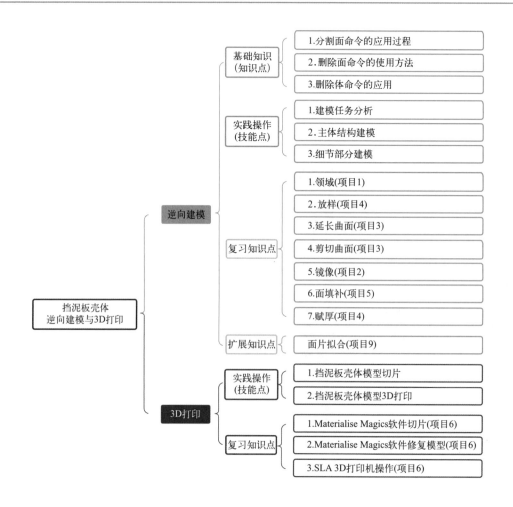

拓 / 展 / 练 / 习

一、简答题

1. 简述切片软件的操作步骤。

2. 简述挡泥板壳体模型的3D打印流程。

二、操作题

1. 完成题图8-1热熔胶枪模型的逆向设计和3D打印（逆向设计精度±0.2mm）。

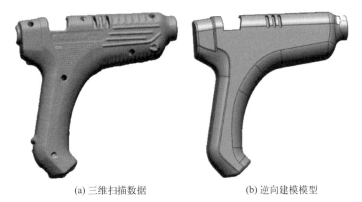

题图 8-1
（扫描数据）

(a) 三维扫描数据　　　　(b) 逆向建模模型

题图8-1　热熔胶枪

2. 完成题图8-2汽车轮毂模型的逆向设计和3D打印（逆向设计精度±0.2mm）。

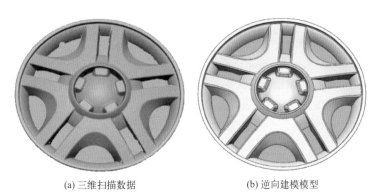

题图 8-2
（扫描数据）

(a) 三维扫描数据　　　　(b) 逆向建模模型

题图8-2　汽车轮毂

项目九
后视镜壳体逆向建模与3D打印

本项目通过后视镜模型的逆向建模，学习面片拟合命令的综合应用，学习在曲面建模过程中合理划分领域组，学习SLM 3D打印的过程，学习切片软件的应用，学习SLM 3D打印机的基本操作和打印模型后处理。

◉ **知识目标**

1. 掌握面片拟合命令的应用。
2. 熟悉选择性激光融化（SLM）技术的原理、特点。
3. 掌握切片软件的应用和参数设置。
4. 了解SLM 3D打印机的基本操作。

◉ **技能目标**

1. 能完成后视镜壳体的逆向建模。
2. 能完成后视镜壳体模型的SLM 3D打印。

◉ **素质目标**

1. 人身、生产安全规范意识。
2. 计划严密、过程完整的质量意识。
3. 团结合作、沟通表达。

任务一 后视镜壳体逆向建模

 学习任务单

任务名称	后视镜壳体逆向建模
任务描述	根据丢失设计数据的后视镜壳体实物 [图（a）]，利用三维扫描仪获得三维扫描数据 [图（b）]，利用 Geomagic Design X 软件重获原始设计数据 [图（c）]  (a) 后视镜模型　　　(b) 三维扫描数据　　　(c) 逆向设计模型
任务分析	后视镜壳体属于典型的曲面类零件，其逆向建模过程分为划分领域组、对齐坐标系、绘制面片草图、拉伸、放样、延长曲面、球曲面、缝合、切割等。首先绘制后视镜壳体的主体结构，其次绘制孔等细节部分
成果展示与评价	各组每个成员均要完成后视镜壳体的逆向建模，小组间利用软件中的精度分析命令开展互评，最后由教师综合评定成绩

基础知识

面片拟合介绍如下：

在【模型】选项卡中，【向导】命令中包含了【面片拟合】【放样向导】【拉伸精灵】【旋转精灵】【扫描精灵】5 个命令，如图 9-1 所示。

图 9-1 【面片拟合】命令

1.功能

【面片拟合】命令是基于面片拟合算法来创建 NURBS 曲面的。面片拟合技术是逆向设计的一项独特技术，它可以根据面片的自由形状轻松快速地创建 3D 自由曲面，如图 9-2 所示。

图 9-2 面片拟合

2. 参数

在【模型】选项卡中，单击【面片拟合】◈图标，打开"面片拟合"初始对话框，如图 9-3 所示。

（1）领域

在面片上选择区域或多边形以创建拟合曲面。

（2）创建一个曲面

通过选择多个拟合区域来创建一个满足要求的曲面，如图 9-4 所示。

图 9-4　创建一个曲面

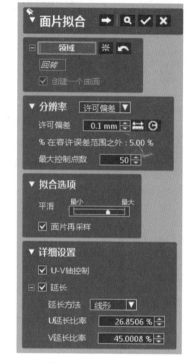

图 9-3　"面片拟合"
初始对话框

（3）分辨率

分辨率用来确定拟合曲面的整体精度和光滑度。

【许可偏差】：指定网格和拟合曲面之间的允许偏差距离。通过面片和拟合曲面之间的偏差来设置拟合曲面的分辨率。

【最大控制点数】：通过指定最大数量来创建控制点。该数字与第三阶段的等值线有关，如图 9-5 所示。

【控制点数】：指定用于控制拟合曲面分辨率的 U 和 V 方向的控制点数，如图 9-6 所示。当指定大量控制点时，偏差可以最小化，但平滑度也可能会丢失。

【U 控制点数】：指定曲面 U 方向上控制点数。

【V 控制点数】：指定曲面 V 方向上控制点数。

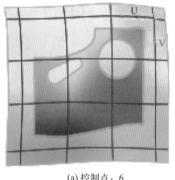

(a) 控制点：6

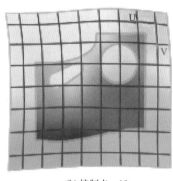

(b) 控制点：10

图 9-5　最大控制点数

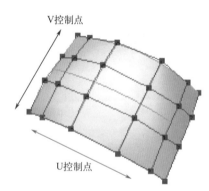

图 9-6　控制点数

（4）拟合选项

【平滑】：确定拟合曲面的平滑度，如图 9-7 所示。

【面片再采样】：创建拟合曲面的规则等值线。此选项可能会在复杂的形状或多个区域上创建扭曲或拟合不良的曲面。

【U-V 轴控制】：启用该选项后，通过调整红色或绿色控制器，可实现对 U 或 V 方向上拟合区域大小的调整；蓝色控制器用于同时调整 U 和 V 方向上拟合区域的大小；手柄用于旋转拟合区域。

（5）【面片拟合】第二阶段

【面片拟合】第二阶段对话框如图9-8所示。

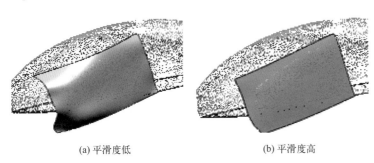

(a) 平滑度低　　　　　　　　(b) 平滑度高

图9-7　平滑度

图9-8　第二阶段

【2/3 ISO线流量控制】：该阶段控制等值线的流量，等值线确定拟合曲面的质量。

【重设机械臂】：清除对机械臂所做的所有更改。

【控制网密度】：确定操纵器控制点的密度。较低的密度将允许控制总等值线流量，而较高的密度将更好地详细控制等值线流量，如图9-9所示。

注意：控制网密度与等值线数量无关。等值线的数量由第一阶段中的【分辨率】选项确定。

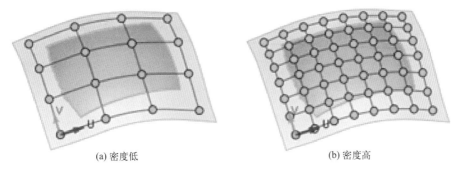

(a) 密度低　　　　　　　　(b) 密度高

图9-9　控制网密度

【变形的控制程度】：通过按住Alt键并使用鼠标左键拖动来调整编辑区域的大小。

【修复边界点】：防止控制点在边界上移动，如图9-10所示。

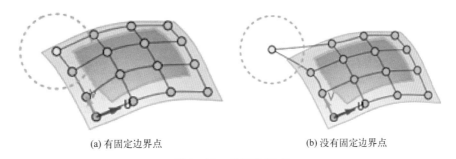

(a) 有固定边界点　　　　　　　　(b) 没有固定边界点

图9-10　修复边界点

（6）【面片拟合】第三阶段

【面片拟合】第三阶段对话框如图9-11所示。

【3/3 ISO-线密度控制】：控制等值线流量，该等值线确定拟合曲面的质量。可以移动、添加和删除等值线以提高表面质量和拟合精度。在高曲率区域上可以添加等值线，以满足所需的拟合偏差。在低曲率区域，可以删除或移动等值线，以满足平坦区域的拟合要求。

图9-11　第三阶段

第三阶段可以改变等值线的密度，并能够在高曲率区域创建其他等值线，如图 9-12 所示。

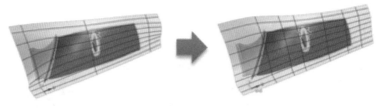

图 9-12　第三阶段调整结果

　任务实施

9-1 后视镜
数据采集

一、数据采集

模型：后视镜外壳如图 9-13（a）所示。

扫描设备：手持三维扫描仪如图 9-13
（b）所示。

扫描模型：扫描数据如图 9-13（c）所示。

(a) 后视镜外壳　　(b) 三维扫描仪　　(c) 后视镜外壳扫描数据

图 9-13　后视镜外壳逆向建模

二、建模步骤

通过后视镜外壳的逆向建模，主要掌握利用 Geomagic Design X 软件完成模型的逆向设计，主要包括划分领域组、对齐坐标系、建模结构主体、绘制细节特征等部分。建模流程如图 9-14 所示。

领域组1	面片拟合5	分割面1
面片拟合1	3D草图7	放样11
面片拟合2	剪切曲面10	缝合4
3D草图1	剪切曲面11	草图1(面片)
剪切曲面1	放样8	拉伸1
剪切曲面2	缝合2	草图2(面片)
放样1	3D草图8	拉伸2
缝合1	放样9	剪切曲面16
3D草图5	剪切曲面12	3D草图13
放样5	圆角1(恒定)	剪切曲面17
面片拟合3	3D草图9	3D草图14
3D草图6	剪切曲面13	剪切曲面18
剪切曲面7	3D草图10	面片拟合6
剪切曲面8	剪切曲面14	面片拟合7
放样6	放样10	3D草图15
面片拟合4	3D草图11	放样12
3D草图4	剪切曲面15	3D草图16
剪切曲面6	缝合3	放样13
剪切曲面9	删除面1	延长曲面19
放样7	面填补1	剪切曲面20
	3D草图12	草图3(面片)
		拉伸3
		剪切曲面21
		圆角2(恒定)

图 9-14　建模流程

项目 9
扫描数据

1. 手动划分领域组

『步骤1』导入数据。

选择菜单栏中的【插入】→【导入】命令，打开"导入"对话框，导入"项目 9 扫描数据 .stl"数据

9-2 后视镜划
分领域

文件，或直接把模型拖到绘图区。

『步骤2』手动划分领域组，如图9-15（a）所示。

① 选择菜单栏中的【领域】选项卡，进入创建领域组工具栏。

② 单击【直线选择模式】图标，绘制如图9-15（b）所示领域。

③ 单击【插入】图标，插入领域组。

④ 用相同方法建立图9-15（c）、（d）所示领域。

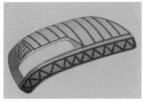

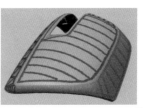

(a) 手动划分领域组　　　　(b) 绘制领域(1)　　　　(c) 绘制领域(2)　　　　(d) 绘制领域(3)

图9-15　绘制领域步骤

9-3
后视镜主体
建模

2. 主体建模

『步骤1』顶部建模。

① 在【模型】选项卡中，单击【面片拟合】图标，打开"面片拟合"对话框，【领域】选择顶部领域，【分辨率】选择【许可偏差】，许可偏差值设置为"0.1mm"，【平滑】调节至接近最大，结束后单击图标，如图9-16所示。

② 利用相同方法建立如图9-17所示曲面，两次面片拟合结果如图9-18所示。

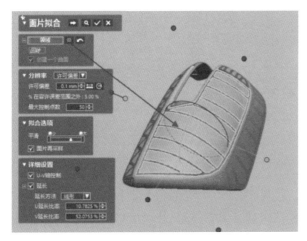
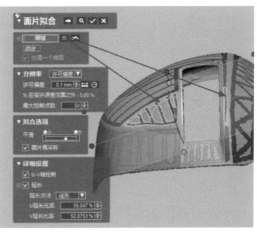

图9-16　第一次面片拟合建立曲面　　　　图9-17　第二次面片拟合建立曲面

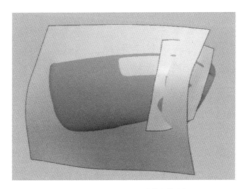

图9-18　两次面片拟合结果

③ 在【3D草图】选项卡中，单击【3D草图】✕图标，利用【样条曲线】命令在两领域相邻处两侧分别绘制如图9-19与图9-20所示曲线，完成后退出草图。

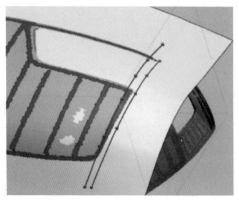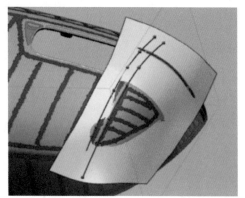

图9-19　绘制一侧3D草图　　　　　　　图9-20　绘制另一侧3D草图

④ 在【模型】选项卡中，单击【剪切曲面】◇图标，打开"剪切曲面"对话框，【工具要素】选择"3D草图1"的一条放样线条，勾选【对象】复选框，【对象体】选择与已选择线条同侧的曲面，选择【下一阶段】➡图标，选择残留体，结束后单击✅图标，如图9-21所示。

⑤ 利用相同方法剪切另一侧曲面，如图9-22所示。

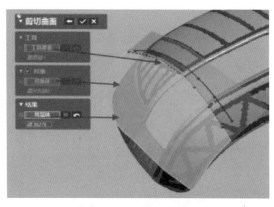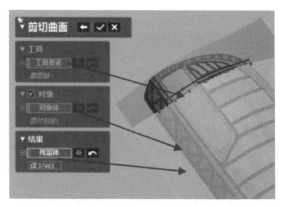

图9-21　剪切一侧曲面　　　　　　　　图9-22　剪切另一侧曲面

⑥ 在【模型】选项卡中，单击【放样】🗋图标，打开"放样"对话框，【轮廓】选择"边线1"与"边线2"，【起始约束】选择【与面相切】，【终止约束】选择【与面相切】，结束后单击✅图标，如图9-23所示。

⑦ 在【模型】选项卡中，单击【缝合】◇图标，打开"缝合"对话框，【曲面体】选择如图9-24所示所有曲面，选择【下一阶段】➡图标，结束后单击✅图标。

『步骤2』侧面建模。

① 在【模型】选项卡中，单击【放样向导】🗋图标，打开"放样向导"对话框，【领域/单元面】选择如图9-25所示领域，【路径】选择【平面】，选择【断面数】，数量为"15"，【轮廓类型】选择【3D草图】，结束后单击✅图标，如图9-25与图9-26所示。

② 在【模型】选项卡中，单击【面片拟合】◇图标，打开"面片拟合"对话框，【领域】选择顶部领域，【分辨率】选择【许可偏差】，许可偏差值设置为"0.1mm"，【平滑】调节至接近最大，结束后单击✅图标，如图9-27所示。

③ 在【3D草图】选项卡中，单击【3D草图】✕图标，利用【样条曲线】命令在两领域相邻处两侧分别绘制如图9-28与图9-29所示曲线，完成后退出草图。

图9-23 曲面放样

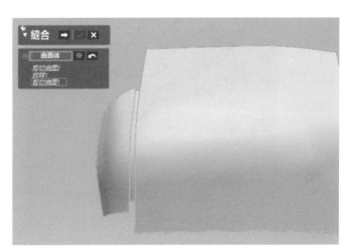

图9-24 缝合曲面

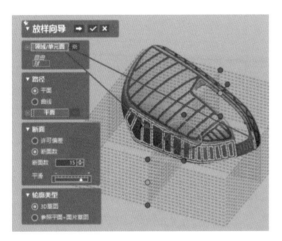

图9-25 放样向导建立曲面

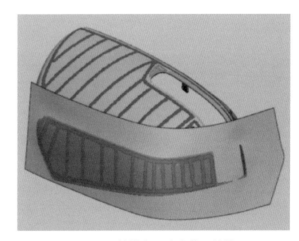

图9-26 放样向导建立曲面的结果

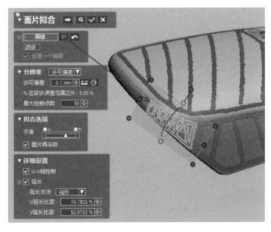

图9-27 面片拟合建立曲面

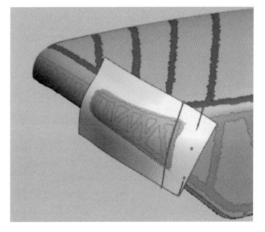

图9-28 绘制一侧3D草图

④ 在【模型】选项卡中，单击【剪切曲面】 图标，打开"剪切曲面"对话框，【工具要素】选择"3D草图"的一条放样线条，勾选【对象】复选框，【对象体】选择与已选择线条同侧的曲面，选择【下一阶段】 图标，选择残留体，结束后单击 图标，如图9-30所示。

图9-29 绘制另一侧3D草图

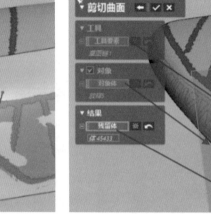

图9-30 剪切一侧曲面

⑤ 利用相同方法剪切另一侧曲面，如图9-31所示。

⑥ 在【模型】选项卡中，单击【放样】 图标，打开"放样"对话框，【轮廓】选择"边线1"与"边线2"，【起始约束】选择【与面相切】，【终止约束】选择【与面相切】，结束后单击 图标，如图9-32所示。

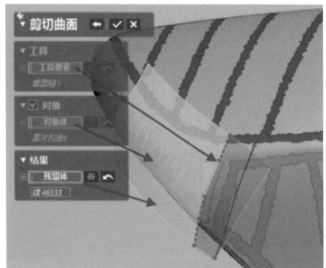

图9-31 剪切另一侧曲面

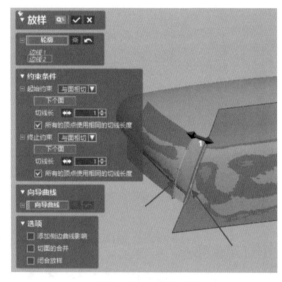

图9-32 放样曲面

⑦ 利用以上顺序将如图9-33所示领域分别进行面片拟合，利用【3D草图】【建立曲面】【缝合】命令建立如图9-34所示曲面。

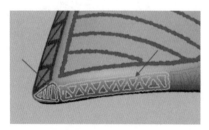

图9-33 领域

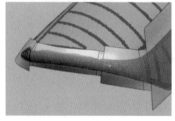

图9-34 建立曲面

⑧ 在【模型】选项卡中，单击【放样向导】 图标，打开"放样向导"对话框，【领域/单元面】选择如图9-35领域，【路径】选择【平面】，选择【断面数】，数量为"15"，【轮廓类型】选择【3D草图】，

结束后单击☑图标，如图9-35与图9-36所示。

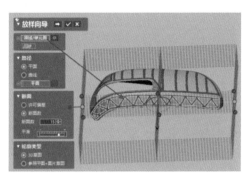

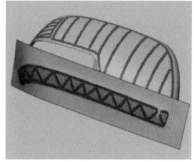

图9-35　放样向导建立曲面　　　　图9-36　放样向导建立曲面结果

『步骤3』顶部侧面曲面连接。

① 在【模型】选项卡中，单击【剪切曲面】◈图标，打开"剪切曲面"对话框，【工具要素】选择如图9-37所示曲面，选择【下一阶段】➡图标，选择残留体，结束后单击☑图标。

② 在【模型】选项卡中，单击【圆角】◷图标，打开"圆角"对话框，利用【圆角】命令对转角处进行倒圆角处理，如图9-38所示。

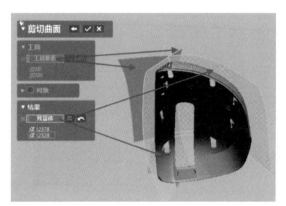
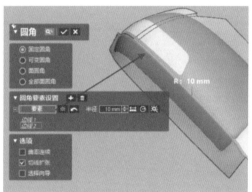

图9-37　剪切曲面　　　　　　　　图9-38　倒圆角

③ 在【3D草图】选项卡中，单击【3D草图】✕图标，利用【样条曲线】命令沿顶部领域边缘绘制，并在与其他曲面对应的分型线处添加断点，如图9-39所示，完成后退出草图。

④ 在【模型】选项卡中，单击【剪切曲面】◈图标，打开"剪切曲面"对话框，【工具要素】选择3D草图，【对象体】选择"圆角1（恒定）"，选择【下一阶段】➡图标，选择残留体，如图9-40所示，结束后单击☑图标。

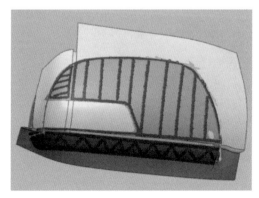
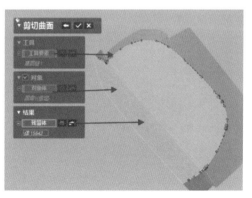

图9-39　绘制3D草图　　　　　　　图9-40　剪切曲面

⑤ 在【3D 草图】选项卡中，单击【3D 草图】✗图标，利用【样条曲线】命令沿顶部领域边缘绘制，并在与其他曲面对应的分型线处添加断点，如图 9-41 与图 9-42 所示，完成后退出草图。

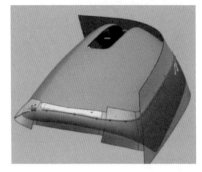 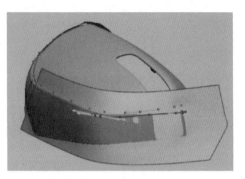

图 9-41　绘制样条曲线（1）　　　　图 9-42　绘制样条曲线（2）

⑥ 在【模型】选项卡中，单击【剪切曲面】◇图标，打开"剪切曲面"对话框，【工具要素】选择 3D 草图，【对象】选择"放样 8"，选择【下一阶段】➡图标，选择残留体，如图 9-43 所示，结束后单击✔图标。

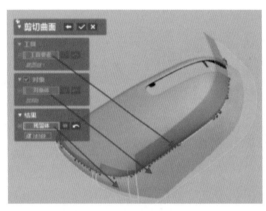 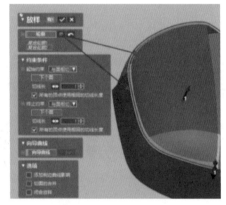

图 9-43　剪切曲面　　　　　　　　图 9-44　放样曲面

⑦ 在【模型】选项卡中，单击【放样】🥫图标，打开"放样"对话框，【轮廓】选择两条对应边线，【起始约束】选择【与面相切】，【终止约束】选择【与面相切】，结束后单击✔图标，如图 9-44 所示。

⑧ 在【3D 草图】选项卡中，单击【3D 草图】✗图标，利用【样条曲线】命令绘制如图 9-45 所示曲线，完成后退出草图。

⑨ 在【模型】选项卡中，单击【剪切曲面】◇图标，打开"剪切曲面"对话框，【工具要素】选择 3D 草图，【对象体】选择曲面，选择【下一阶段】➡图标，选择残留体，如图 9-46 所示，结束后单击✔图标。

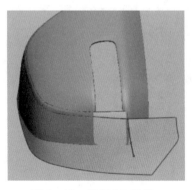 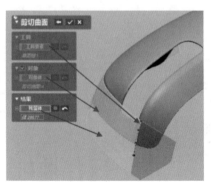

图 9-45　绘制 3D 草图　　　　　　图 9-46　剪切曲面

⑩ 在【模型】选项卡中，单击【缝合】◈图标，打开"缝合"对话框，【曲面体】选择如图9-47所示所有曲面，选择【下一阶段】➡️图标，结束后单击✅图标。

⑪ 在【3D草图】选项卡中，单击【3D草图】⬛图标，利用【样条曲线】命令绘制如图9-48所示曲线，完成后退出草图。

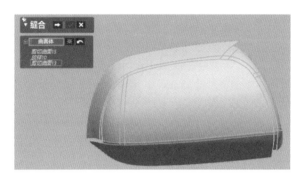

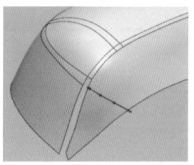

图9-47 缝合曲面　　　　　　　图9-48 缝合后绘制3D草图

⑫ 在【模型】选项卡中，单击【分割面】⬛图标，打开"分割面"对话框，选择【投影】单选项，【工具要素】选择"3D草图12"，【对象要素】选择如图9-49所示曲面，结束后单击✅图标。

⑬ 在【模型】选项卡中，单击【放样】⬛图标，打开"放样"对话框，【轮廓】选择两条对应边线，【起始约束】选择【与面相切】，【终止约束】选择【与面相切】，结束后单击✅图标，如图9-50所示。

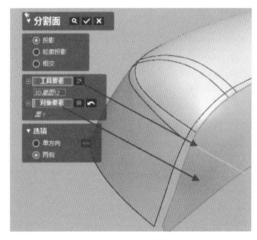

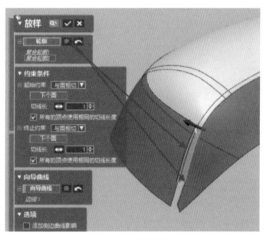

图9-49 分割曲面　　　　　　　图9-50 放样曲面

⑭ 在【模型】选项卡中，单击【缝合】◈图标，打开"缝合"对话框，【曲面体】选择如图9-51所示所有曲面，选择【下一阶段】➡️图标，结束后单击✅图标。

⑮ 在【草图】选项卡中，单击【面片草图】⬛图标，打开"面片草图的设置"对话框，【基准平面】选择"前"，设置【由基准面偏移的距离】为"0mm"，【轮廓投影范围】调整至覆盖全部模型，结束后单击✅图标，利用【直线】【圆弧】【相交剪切】等命令绘制面片草图，结果如图9-52所示，绘制完成后退出草图。

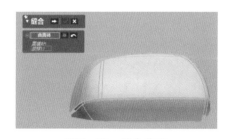

图9-51 缝合曲面

⑯ 在【模型】选项卡中，单击【拉伸】⬛图标，打开"拉伸"对话框，【基准草图】选择"草图1（面片）"，【方法】选择【距离】，勾选【反方向】复选框，【方法】选择【距离】，调整至超过模型大小，结束后单击✅图标，如图9-53所示。

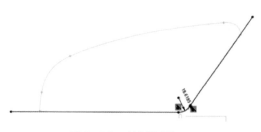

图9-52 绘制草图

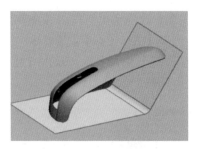

图9-53 拉伸曲面

⑰ 利用相同方法在"上"面建立草图，利用【拉伸】命令建立如图9-54所示曲面。

⑱ 在【模型】选项卡中，单击【剪切曲面】⬙图标，打开"剪切曲面"对话框，【工具要素】选择"拉伸1"与"拉伸2"，【对象】选择模型主体，选择【下一阶段】➡图标，选择残留体，如图9-55所示，结束后单击✅图标。

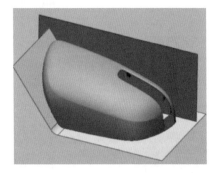

图9-54 建立曲面

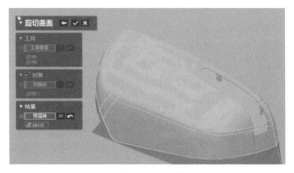

图9-55 "剪切曲面"对话框

⑲ 利用【3D草图】【剪切曲面】命令对两圆角处进行剪切，如图9-56与图9-57所示。

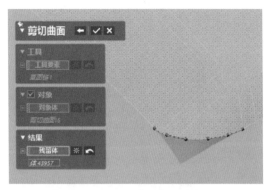

图9-56 剪切第1个圆角

图9-57 剪切第2个圆角

3. 细节建模

① 在【模型】选项卡中，单击【面片拟合】⬙图标，打开"面片拟合"对话框，【领域】选择如图9-58所示区域，【分辨率】选择【许可偏差】，许可偏差值设置为"0.1mm"，【平滑】调节至接近最大，结束后单击✅图标，如图9-58所示。采用相同方法建立如图9-59所示曲面。

② 在【模型】选项卡中，单击【放样向导】⬙图标，打开"放样向导"对话框，【领域/单元面】选择如图9-60所示领域，【路径】选择【平面】，选择【断面数】，数量为"4"，【轮廓类型】选择【3D草图】，结束后单击✅图标，如图9-60所示。采用相同方法建立如图9-61所示曲面。

③ 在【模型】选项卡中，单击【剪切曲面】⬙图标，打开"剪切曲面"对话框，【工具要素】选择四个曲面，选择【下一阶段】➡图标，选择残留体，如图9-62所示，结束后单击✅图标。

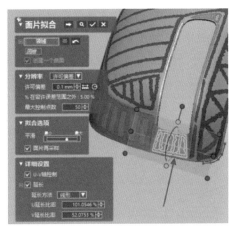

图9-58 "面片拟合"对话框

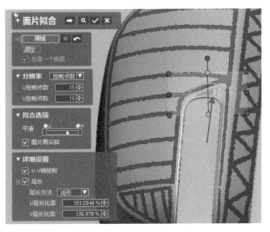

图9-59 面片拟合

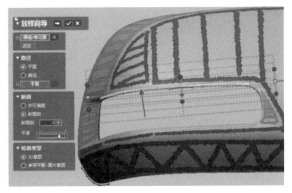

图9-60 放样曲面

图9-61 曲面建立结果

④ 在【模型】选项卡中，单击【剪切曲面】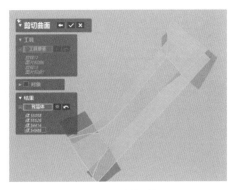图标，打开"剪切曲面"对话框，【工具要素】选择主体曲面与凹槽处曲面，选择【下一阶段】➡图标，选择残留体，如图9-63所示，结束后单击✅图标。

⑤ 在【草图】选项卡中，单击【面片草图】💥图标，打开"面片草图的设置"对话框，【基准平面】选择"上"，设置【由基准面偏移的距离】为"0mm"，【轮廓投影范围】调整至覆盖全部模型，结束后单击✅图标，利用【直线】【圆弧】【相交剪切】等命令绘制面片草图，如图9-64所示，绘制完成后退出草图。

图9-62 剪切曲面

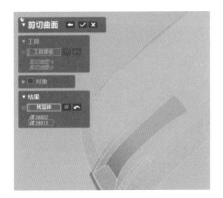

图9-63 "剪切曲面"对话框

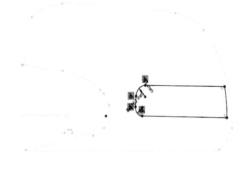

图9-64 绘制草图3

⑥ 在【模型】选项卡中，单击【拉伸】■图标，打开"拉伸"对话框，【基准草图】选择"草图 3（面片）"，【方法】选择【距离】，调整至超过模型大小，结束后单击✓图标，如图 9-65 所示。

⑦ 在【模型】选项卡中，单击【剪切曲面】◇图标，打开"剪切曲面"对话框，【工具要素】选择"拉伸 3"，【对象体】选择主体曲面，选择【下一阶段】➡图标，选择残留体，如图 9-66 所示，结束后单击✓图标。

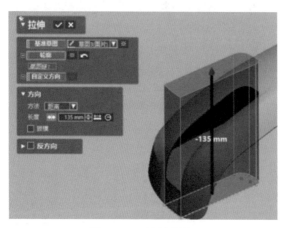

图 9-65 拉伸曲面

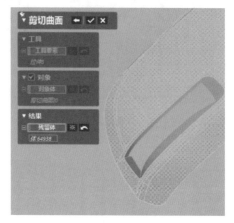

图 9-66 剪切曲面

⑧ 利用【圆角】命令对模型细节进行处理。

⑨ 在【模型】选项卡中，单击【赋厚曲面】◨图标，打开"赋厚曲面"对话框，【体】选择"圆角 2（恒定）"，设置【厚度】为"1mm"，【方向】选择【方向 1】，如图 9-67 所示，结束后单击✓图标，模型绘制结果如图 9-68 所示。

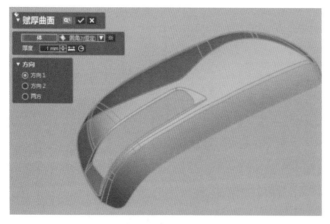

图 9-67 赋厚曲面

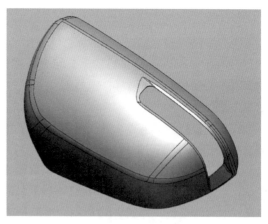

图 9-68 模型绘制结果

4. 文件保存和输出

文件可以直接保存为软件的默认格式"*.xrl"，也可以输出为"*.stp"格式，可单击【菜单】中的【文件】→【输出】命令，打开"输出"对话框，设置【要素】为建模实体模型，单击✓图标，在打开的"输出"对话框中，选择要保存的文件类型，如选择"stp"格式，保存文件为"项目 9 后视镜（建模数据）.stp"。

项目 9
后视镜
（建模数据）

任务评价

基本信息	姓名			班级		学号		组别	
	评价方式			□教师评价　□学生互评　□学生自评					
	规定时间			完成时间		考核日期		总评成绩	

考核内容	序号	步骤		完成情况		分值	得分
				完成	未完成		
	1	课前预习，在线学习基础知识				10	
	2	面片拟合命令的应用				10	
	3	建模步骤分析				10	
	4	后视镜壳体的主体结构建模				20	
	5	后视镜壳体的细节部分建模				15	
	6	团队协作、沟通表达				10	
	7	计划严密、过程完整的质量意识				10	

任务反思	1. 在完成任务中遇到了哪些问题？ 2. 你是如何解决上述问题的？ 3. 在本任务中你学到了哪些知识？ （每个问题 5 分，表达清晰可加 1～3 分）	15

教师评语	

任务二　后视镜壳体 3D 打印

学习任务单

任务名称	后视镜壳体 3D 打印
任务描述	学习 SLM 3D 打印技术，完成后视镜壳体模型切片 [图（a）]、SLM 3D 打印 [图 (b)]，并对打印模型进行后处理 [图（c）] (a) 模型切片　　　　(b) SLM 3D打印　　　　(c) 打印模型后处理结果
任务分析	要完成后视镜壳体模型的 SLM 3D 打印，需要熟悉 SLM 打印技术、切片软件的操作流程，学习操作 SLM 3D 打印机完成模型的打印，并了解对打印模型进行后处理的流程
成果展示与评价	每组完成一个模型的打印，小组互评后由教师综合评定成绩

⟳ 基础知识

选择性激光熔化（SLM）技术如下：

1. 工作原理

SLM 3D 打印技术，即选择性激光熔化（selective laser melting）技术，属于增材制造技术，通过高能激光束选择性地熔化金属粉末，逐层堆积，最终构建出三维实体零部件。

（1）SLM 工作原理

激光束照到薄薄一层粉末材料上，粉末温度升高至熔点，颗粒自身熔化并与前一层结合以形成固体。这是烧结结合的基本原理。

零部件是逐层烧结的，每一层都包含了一个或多个零部件的横截面。通过滚轴铺满新一层粉末后，直接将这一层烧结在前一层上。烧结过程中，颗粒的填充密度影响零部件的密度。填充密度一般为 50%~62%。通常，填充密度越大，力学性能越好。同时，扫描模型的截面和曝光参数也会影响零部件的力学性能。

（2）烧结结合

烧结过程中，两层相邻的颗粒被熔融在一起。通过激光束将温度提升至使材料从固态开始变软至胶状形态的温度，此温度一般在熔点之下，达到熔点后，材料便熔化为液态。颗粒开始变软并在重力作用下变形，使表面与其接触的其他颗粒或固体变形，并将这些接触面烧结在一起。与熔化相比，烧结的优势在于它将粉末颗粒结合成固体而不用经过液态阶段，因此避免了熔化时液体材料流动导致的变形。冷却后，粉末颗粒以陈列的形式相连，与颗粒材料的密度相近。烧结过程中，设备将颗粒的温度提高到软化温度，需要很大能量。烧结一层材料所需要的能量大约比光固化相似厚度的材料所需能量大 300~500 倍，因此，防止氧化的惰性气体环境是必不可少的，为防止爆炸，工作室还需要冷却气体。

影响 SLM 3D 打印技术的性能和功能的因素有粉末的特性及烧结后的力学性能、激光束的精度、扫描截面的形状、曝光参数以及机器的分辨率。

SLM 技术的工作原理与 SLS 技术类似。主要不同在于粉末的结合方式，SLS 技术是通过低熔点金属或黏结剂的熔化将高熔点的金属或非金属粉末黏结在一起，SLM 技术是将金属粉末熔融，因此其要求的激光功率密度要远大于 SLS 技术。

2. 工作过程

SLM 3D 打印的工作过程：利用 CAD 数据文件，通过机器中 CO_2 激光将粉末材料加热，逐层打印 3D 物体。CAD 数据文件的格式是"*stl"，将打印模型切片，并把切片数据传到设备中。图 9-69 中的 SLM 3D 打印机的工作流程具有以下 4 个步骤。

① 将一层薄薄的热可熔的粉末涂抹在部件建造室。

② 在这一层粉末上用 CO_2 激光选择性地扫描零部件最底层的横截面。激光束使粉末的温度达到熔点，烧化的粉末颗粒形成固体。激光束的强度被调节到仅熔化零部件的几何图形划定的区域，周围的粉末保持松散的粉状，起到天然的支撑作用。

③ 横截面被完全打印后，通过滚轴机制将新一层粉末涂抹到前一层上。这一过程为下一层的打印做准备。

④ 重复步骤②和步骤③，每一层都与上一层融合，粉末依次被堆积，直至打印完毕。

由于 SLM 材料是粉末状，打印过程中没有熔化的粉末就成了天然的支撑结构，因此在 CAD 设计中无需设计多余的支撑结构，也无需在打印完毕后移除支撑。SLM 3D 打印结束后，零部件从打印室中移走，松散的粉末很容易脱落。SLM 零部件可能会根据原型的用途进行后期处理或二次加工（像砂磨、涂漆和着色）。

3. SLM 3D 打印的优点及缺点

（1）主要优点

① 良好的稳定性。SLM 3D 打印是在被精确控制的环境中进行，材料直接用于功能性零部件的制造。

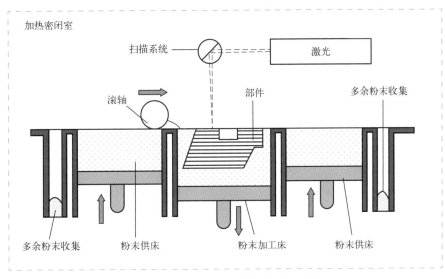

图9-69 SLM 3D打印机工作流程

② 广泛的选材。一般来说，任何粉末状的材料都可以采用SLM 3D打印工艺生成产品，包括锦纶、聚碳酸酯、金属和陶瓷。

③ 无需支撑。无需在切片软件中设计支撑结构，节省了制造以及移除支撑的时间。

④ 几乎没有后期处理。完成的零部件足够精细，因此仅需要少量的后期处理。

⑤ 无需后期固化。激光烧结制造的零部件通常足够结实，不需要再次固化。

（2）主要缺点

① 系统占地面积大。系统设备需要在一个较大的空间内放置。此外，还需要有专用的储藏室，用于放置每次建造都必不可少的惰性气体。

② 高能耗。由于需要大功率激光设备烧结粉末颗粒，因此系统的能耗很大。

③ 产品表面粗糙。生产出的零部件表面较为粗糙的原因是粉末颗粒尺寸较大。

4. SLM 3D打印的应用

SLM 3D打印系统的应用范围非常广：

① 概念模型。以物理模型的形式来检查设计概念、形式和风格。

② 功能性原型。零部件可以承受少量的功能测试或进行安装，并在生产线上运行。

③ 快速铸造模型。快速制造出模型，再通过常规的熔模铸造。其比制造蜡模型快捷，且非常适用于有薄壁和精致细节的设计。

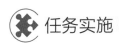 任务实施

一、后视镜壳体模型切片

『步骤1』创建平台。

打开切片软件，单击左上角【创建平台】图标，选择【平台定义】图标，打开【我的设备】对话框，选择对应的3D打印设备型号，若无打印机型号，可添加设备。

『步骤2』导入模型。

选择"项目9打印模型"SLT文件，导入模型，如图9-70所示。

『步骤3』处理模型。

① 单击菜单栏【移动】命令的下拉菜单，依次选择【移动到默认Z轴高度】与【移动到平台中心】，

项目 9
打印数据

9-4 后视镜
切片

按照打印要求，单击【缩放】图标，对模型进行比例调整，如图9-71所示。

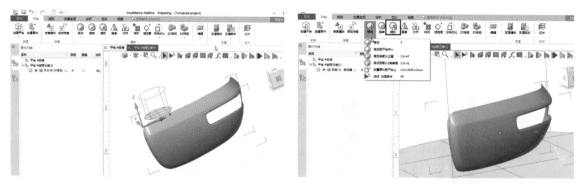

图9-70　导入模型　　　　　　　　图9-71　移动、缩放模型

②　单击【支撑生成】→【支撑】命令，选择【自动支撑】，打开"自动支撑"对话框，选择符合打印机属性的【柱状支撑】，单击【为选中的零件执行】。复制该支撑，修改支撑类型为【智能支撑】，生成支撑，如图9-72所示。

『步骤4』切片与导出。

①　单击菜单栏【切片】→【自适应切片】命令，打开"切片操作"对话框，【层厚】设置为"0.03mm"，【光斑补偿】设置为"0.076mm"，选择【设置】选项和【导出格式】，如图9-73所示，单击【开始】按钮，生成切片文件。

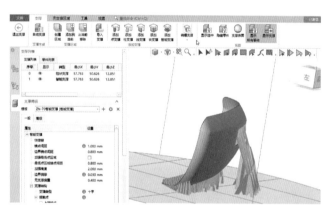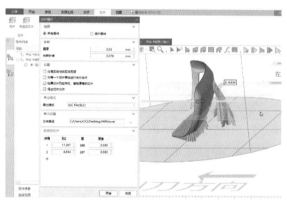

图9-72　"自动支撑"选项　　　　　　图9-73　设置切片参数

②　单击【切片】→【导出】命令，打开"输出切片文件"对话框，导出切片文件，如图9-74所示。

二、后视镜壳体模型3D打印

『步骤1』启动设备。

①　接通设备电源后，将总电源开关旋至"ON"处，将"急停"按钮右旋复位，然后右旋"急停"按钮下方钥匙开关，启动电脑并打开软件。

②　将储存切片文件的U盘插入到打印设备上，如图9-75所示。

③　在软件导航栏，单击【操控】命令，弹出【操控面板】对话框并进入【IO控制】界面。然后打开"伺服""LED灯"开关，进入【轴控】界面，单击软件上相应的方向键，将成型缸下降至铺粉面以下，再依次将铺粉车、成型缸返回原点。

图9-74　导出切片数据

『步骤2』调节铺粉层厚。

① 将铺粉车移至成型缸处，用内六角扳手拧松铺粉车右侧的两颗螺钉，然后调节铺粉车顶部螺栓，使铺粉刮板贴住成型基板且无光线透过，如图9-76所示。

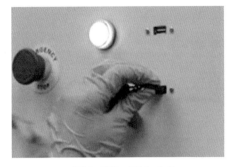

图9-75　导入文件　　　　　　　　　　图9-76　调节铺粉层厚

②打开软件操控栏中的【轴控】手动操作界面，将铺粉车移至一侧限位处，手动在该侧落粉，再将铺粉车往另一侧移动，观察铺粉情况。调平标准为铺粉平面粉末均匀，能够看到基板。若未调平，则调节刮刀第一排的螺钉，如图9-77所示。

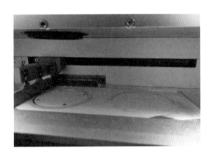

图9-77　粉末均匀铺在基板上　　　　图9-78　擦拭保护镜，打开保护气阀门

『步骤3』准备加工环境。

① 用蘸有无水乙醇的擦镜纸按固定方向转圈擦拭光束孔防护窗口和观察窗口，再用干擦镜纸重复擦拭，直至擦净。安装好吸风口后，关上舱门并锁紧。打开气瓶压力阀，调节流量至合适位置，如图9-78所示。

② 安装好吸风口后，关上舱门并锁紧，如图9-79所示。

图9-79　吸风口安装，关闭舱门

『步骤4』配置打印工艺包。

① 在【打印】面板的面板信息栏单击【加载模型】命令，弹出"加载文件路径"对话框，选择需要打印的"*.slc/job"格式文件，单击【打开】图标，导入的模型文件可以在显示区域观察到。

② 在【配置】面板的面板信息栏的【模型列表】和【工艺包列表】中分别给对应的模型选择相应的工艺包，配置完成后单击【保存】图标，并在弹出的"保存"对话框中输入项目名称，然后单击【OK】图标。

③ 配置完工艺包后，在【打印】面板的面板信息栏的模型界面中单击【路径】图标即可生成打印过程中激光的移动路径。

④ 待路径生成后，选择模拟打印，并单击【单层模拟】命令，即可观察打印过程中每一层的激光扫描路径。

『步骤5』启动加工。

在【IO控制】栏中打开【激光运行】按钮，同时关闭【激光使能】按钮，然后返回【操控】界面，单击下方的【打印测试】→【选择打印层数】→【层打印】命令，观察红光扫描的打印区域和路径是否合适。打开【IO控制】栏，开启【循环风机】按钮。如图9-80所示。

图9-80　开启循环风机

『步骤6』选择合适的工艺包策略，然后单击【保存】图标，设置项目名称，单击【开始】图标生成打印路径。

① 在【IO控制】栏中打开【激光运行】按钮，关闭【激光使能】按钮，然后返回【打印】界面，单击下方的【打印测试】→【测试当前层】命令，观察红光扫描的打印区域是否合适。

② 打印区域确定后，打开【激光使能】按钮，单击【打印】界面下方的【打印测试】→【测试当前层】命令，对基板进行初始层打印测试（若粉层较厚，需重复进行初始层测试2~3次，以提高零件与基板的结合程度，防止打印失败）。

三、打印后视镜壳体模型后处理

SLM 3D打印模型的后处理流程主要包括热处理、线切割、去支撑、打磨、机加工、抛光、喷砂等步骤。不同的零部件后处理工序不同。

去支撑必须有相应的工具，常用的工具包括手动拆支撑工具（图9-81）、打磨工具（图9-82）、手动抛光工具（图9-83）。

图9-81　手动拆支撑工具

图9-82　打磨工具

图9-83　手动抛光工具

后视镜壳体打印模型的后处理过程主要包括打印模型与基板分离、去除支撑、打磨、喷砂几个步骤。

『步骤1』打印模型与基板分离。模型打印完成后，是固定在基板上的，如图9-84所示，打印模型与基板分离的方法有线切割和钳断两种。线切割可以将支撑与模型完整地从基板上拆除，省力但烦琐，如图9-85所示；钳断是指直接用钳子将模型与基板之间的支撑钳断，较为费力。

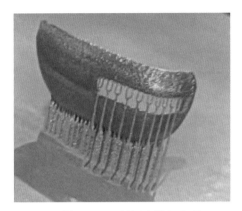

图9-84　基板上的打印件

图9-85　线切割分离件

『步骤2』去除支撑。使用钳子等工具将模型上的支撑去除。

『步骤3』打磨。支撑从模型上分离下来后会留下许多支撑痕，可用打磨头来打磨。操作时打磨笔需来回运动，不能在某个位置停留太久。打磨时将模型突出的支撑点去除即可。

『步骤4』喷砂。打磨过后的模型的表面还是比较粗糙，外观颜色不均匀，这时需要进行喷砂处理。喷砂之后，表面相对光滑、颜色均匀。处理后的模型如图9-86所示。

图9-86　打印模型

任务评价

基本信息	姓名		班级		学号		组别	
	评价方式			□教师评价　□学生互评　□学生自评				
	规定时间		完成时间		考核日期		总评成绩	
考核内容	序号	步骤			完成情况		分值	得分
					完成	未完成		
	1	课前预习，在线学习基础知识					10	
	2	面片拟合命令					10	
	3	选择性激光熔化（SLM）技术的原理					10	
	4	后视镜壳体模型切片					15	
	5	后视镜壳体模型的3D打印					20	
	6	团队协作、沟通表达					10	
	7	人身、生产安全规范意识					10	

| 任务反思 | 1. 在完成任务中遇到了哪些问题？
2. 你是如何解决上述问题的？
3. 在本任务中你学到了哪些知识？
（每个问题 5 分，表达清晰可加 1～3 分） | | | | 15 | |
| 教师评语 | | | | | | |

 # 项/目/小/结

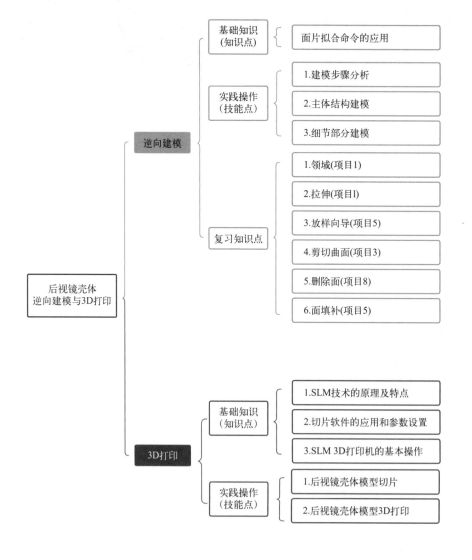

 # 拓/展/练/习

一、简单题

1.简述切片软件的操作流程。

2.简述 SLM 3D 打印机的操作流程。

二、操作题

1.完成题图9-1手电钻壳体的逆向设计和3D打印（逆向设计精度 ±0.2mm）。

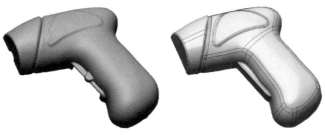

(a) 三维扫描数据　　　　　　(b) 逆向建模模型

题图9-1　手电钻壳体

题图 9-1
（扫描数据）

2.完成题图9-2拖拉机前机罩的逆向设计和3D打印（逆向设计精度 ±0.2mm）。

(a) 三维扫描数据　　　　　　(b) 逆向建模模型

题图9-2　拖拉机前机罩

题图 9-2
（扫描数据）

参考文献

[1] 王嘉，田芳．逆向设计与3D打印案例教程 [M]．北京：机械工业出版社，2020．

[2] 陈丽华．逆向设计与3D打印 [M]．北京：电子工业出版社，2017．

[3] 陈志富，陈辉珠．逆向建模与3D打印技术 [M]．北京：电子工业出版社，2023．

[4] 刘永利，张静．逆向建模与产品创新设计 [M]．北京：机械工业出版社，2023．

[5] 何超，朱少甫，王琨．数字化逆向建模设计与3D打印实用教程 [M]．北京：化学工业出版社，2024．